Venezuela:
subsidios al límite

Venezuela:
subsidios al límite

Juan L. Martínez Bilbao

libros
en red

www.librosenred.com

Dirección General: Marcelo Perazolo
Diseño de cubierta: Daniela Ferrán
Diagramación de interiores: Julieta Lara Mariatti

Primera edición en español - Impresión bajo demanda

© LibrosEnRed, 2012
Una marca registrada de Amertown International S.A.

ISBN: 978-1-59754-895-3

Para encargar más copias de este libro o conocer otros libros de esta colección visite www.librosenred.com

Prólogo

Existen numerosas opiniones calificadas, análisis y artículos especializados sobre la situación del suministro de combustibles en Venezuela, que con frecuencia semanal, y en ocasiones diaria, alertan sobre el impacto de los subsidios en la sostenibilidad de esta actividad.

La motivación de este trabajo es, a través de un enfoque articulado, explicar y hacer del conocimiento de la opinión pública la magnitud de los costos asociados a la comercialización de los combustibles líquidos que se demandan en Venezuela, con especial énfasis en los utilizados para uso automotor debido a los altos volúmenes que representan y el impacto social y económico de sus subsidios.

De igual modo, analizar su sostenibilidad y las posibles formas o mecanismos para equilibrar su factibilidad económica sin desmedro de los objetivos sociales que el esquema actual de precios persigue, pero que logra con relativo éxito y con importantes distorsiones. El trabajo recoge un conjunto de análisis, artículos de prensa y opiniones especializadas que complementan el marco de análisis y proveen al lector una amplia perspectiva de la situación, sus orígenes y de las posibles soluciones.

El análisis se fundamenta en los precios vigentes de los combustibles al mes de agosto de 2012, fecha para la cual los destinados para uso automotor presentan un congelamiento de sus precios al público, en bolívares, desde el año 1996.

Juan L. Martínez Bilbao

La situación económica y operacional luce insostenible, a lo que se suma la demanda adicional de combustibles líquidos (principalmente diesel) que se registra desde el año 2010 producto de la intensificación del uso de sistemas de generación eléctrica de emergencia y de nueva generación distribuida a fin de paliar la crisis eléctrica que se agudiza en Venezuela.

La situación demanda, con carácter de urgencia, la toma de decisiones con miras a recuperar, aunque sea en parte y a corto plazo, el equilibrio que permita seguir garantizando el suministro de los combustibles para satisfacer la demanda local. De igual modo, se plantea una política de precios que a largo plazo garantice la viabilidad de las inversiones y asegurar el abastecimiento ante la creciente demanda de energía del país.

INTRODUCCIÓN

ANTECEDENTES

Venezuela, país líder en la producción de hidrocarburos, y uno de los principales exportadores de petróleo en el mundo, ha mantenido tradicionalmente un esquema de precios de los combustibles para el mercado interno en niveles muy bajos en términos comparativos con los de países vecinos como Colombia, Brasil, Guyana, Trinidad y Tobago, Aruba y Curazao. Esta política, mantenida desde hace muchos años, ha permitido distribuir parte de la renta petrolera a la población en forma de un subsidio por vía del precio de venta de los combustibles líquidos a los consumidores, en especial, los destinados para uso automotor.

El esquema de precios, con un importante subsidio implícito, se mantuvo estable básicamente hasta que el país declaró su acumulada crisis económica con una devaluación de su moneda, el bolívar (Bs), en febrero de 1983, y la instauración de controles de cambio que han ido y venido hasta el presente.

La devaluación de la moneda y la inflación transformaron de manera acelerada el estado de bienestar y de estabilidad económica de la población, deteriorándolos progresivamente a pesar de las fuertes oscilaciones en los precios de sus exportaciones petroleras, en buena medida caracterizadas por alzas de precios que no han sido administradas de manera eficiente, ocasionando fuertes impactos macroeconómicos durante los últimos 29 años.

Después de 6 años del famoso "viernes negro" de febrero de 1983, recién electo Carlos Andrés Pérez para su segundo mandato presidencial, se intentó un plan de reajuste macroeconómico para corregir la caída progresiva de la economía y equilibrar las distorsiones que no permitían generar la confianza necesaria para estimular nuevas inversiones. Entre las medidas, se instrumentó un ajuste progresivo de los precios de los combustibles líquidos para uso automotor, lo cual, por razones que no se pretenden analizar aquí, generó malestar en algunos sectores de la población con las terribles consecuencias del llamado "caracazo" del 27 de febrero de 1989. Este suceso provocó la suspensión del referido ajuste de precios, siendo retomado, en forma muy pasiva durante el segundo mandato presidencial de Rafael Caldera, llevándose a cabo en el año 1996 el último ajuste en los precios de los combustibles para uso automotor.

Desde esa fecha hasta el presente, agosto de 2012, los precios de la gasolina y el diesel para uso automotor, combustibles que representan cerca del 65% del consumo interno de hidrocarburos líquidos, no han sido ajustados nuevamente, lo que genera una situación de tal distorsión que el precio de un litro de gasolina de alto octanaje equivale, en divisa extranjera, a 2 centavos de dólar estadounidense (0,02 US$), y el litro de combustible diesel a 1 centavo de US$ (0,01 US$), ambos precios calculados con base en el cambio oficial vigente de 4,30 Bs/US$.

Esto significa, entre otras cosas, lo siguiente:

- Para llenar el tanque de gasolina de un vehículo de capacidad aproximada de 50 litros, al usuario en Venezuela le cuesta el equivalente a 1 US$, mientras que en Colombia, por mencionar un país vecino, cuesta cerca de 60 US$.

- Llenar un tanque de gasolina de 50 litros en Venezuela cuesta igual o menos que una botella de agua de 0,5 litros.

- La propina que generalmente se ofrece a un trabajador de una estación de servicio, por llenar un tanque de gasolina, con frecuencia iguala o supera el monto total a pagar por la gasolina en sí.

- El precio actual de la gasolina y del diesel automotor no cubre ni siquiera el margen de comercialización de una estación de servicio, por lo cual, Petróleos de Venezuela, S.A. (PDVSA), empresa estatal propietaria del negocio de los hidrocarburos en Venezuela, ha instrumentado en los últimos meses el abastecimiento de gasolina y diesel a las estaciones de servicio sin que éstas paguen por el suministro, y en muchos casos, PDVSA debe reintegrarles dinero al cierre de cada mes, para que puedan cubrir sus costos operativos.

- Para efectos prácticos, en estos momentos ambos combustibles se entregan al público a un precio tan bajo, que podrían considerarse regalados.

Existen iguales distorsiones en los precios de venta de otros combustibles en el mercado interno, como es el caso del gas licuado de petróleo (GLP), mayormente usado en los hogares como combustible para cocinar. El GLP se vende por debajo de sus costos de producción y comercialización, sin embargo, este segmento del negocio tiene características volumétricas, operativas y de utilización por parte de los consumidores, que ameritan un análisis por separado.

El presente estudio se focaliza en el subsidio de los combustibles gasolina y diesel para uso automotor debido a: lo representativo de sus volúmenes, el perfil del mercado que los demanda, el impacto que hoy tienen sus precios en cuanto a la distribución real de renta, la magnitud de fenómenos como el contrabando de extracción y la difícil situación económica y operativa que afecta su producción y suministro por parte de la empresa estatal Petróleos de Venezuela.

FUENTES DE INFORMACIÓN

Existen importantes contradicciones respecto a las cifras que sobre la actividad petrolera en Venezuela se publican en fuentes externas como la Organización de Países Exportadores de Petróleo (OPEP) y la Agencia Internacional de la Energía (IEA), en comparación con las que reportan los órganos oficiales en Venezuela.

Las fuentes oficiales en Venezuela reportan una producción petrolera cercana a 3 millones de barriles diarios (3 MMBD); según el último anuario del Ministerio de Energía y Petróleo (MENPET) *"Petróleo y Otros Datos Estadísticos"* - PODE 2007-2008, la producción de petróleo en 2008 fue de 3,25 MMBD, y según el Informe de Gestión Anual de PDVSA 2011, la producción de petróleo estuvo en 2,99 MMBD en 2011, sin embargo, tanto la OPEP como la IEA reportan mensualmente que Venezuela produce cerca de un 20% menos, y como ejemplo tenemos el último reporte de la IEA que muestra la producción petrolera de los países afiliados a la OPEP, para los meses de febrero, marzo y abril de 2012, según el cual la producción de petróleo en Venezuela alcanza 2,44 MMBD.

Fig. 1 – Producción petrolera países OPEP, según la IEA, mayo 2012

OPEC Crude Production
(million barrels per day)

	Feb 2012 Supply	Mar 2012 Supply	Apr 2012 Supply	2Q12 Sustainable Production Capacity[1]	Spare Capacity vs April 2012 Supply	3Q12 Average Sustainable Production Capacity	3Q12 Production Capacity Versus 2Q12 Capacity
Algeria	1.14	1.14	1.14	1.18	0.04	1.18	0.00
Angola	1.76	1.73	1.75	1.90	0.15	2.00	0.10
Ecuador	0.48	0.48	0.48	0.52	0.04	0.54	0.02
Iran	3.35	3.30	3.30	3.51	0.21	3.45	(0.07)
Kuwait[2]	2.70	2.72	2.74	2.84	0.10	2.89	0.05
Libya	1.29	1.35	1.40	1.48	0.08	1.51	0.03
Nigeria[3]	2.10	2.05	2.15	2.55	0.40	2.59	0.04
Qatar	0.75	0.75	0.75	0.75	0.00	0.75	0.00
Saudi Arabia[2]	10.00	10.00	10.00	11.88	1.88	11.88	0.00
UAE	2.59	2.65	2.67	2.75	0.08	2.79	0.04
Venezuela[4]	2.46	2.44	2.44	2.53	0.09	2.53	0.00
OPEC-11	28.61	28.61	28.82	31.89	3.07	32.09	0.21
Iraq	2.62	2.83	3.03	3.06	0.03	3.18	0.12
Total OPEC	31.23	31.44	31.85	34.94	3.10	35.27	0.33
					(2.38)		

(excluding Iraq, Nigeria, Libya and Iran)

1 Capacity levels can be reached within 30 days and sustained for 90 days.
2 Includes half of Neutral Zone production.
3 Nigeria's current capacity estimate excludes some 200 kb/d of shut-in capacity.
4 Includes upgraded Orinoco extra-heavy oil assumed at 370 kb/d in April.

A pesar de esto, y con la finalidad de llevar el análisis al terreno más fértil de discusión, respetando la formalidad que debe darse a las cifras, para el análisis se utilizó primordialmente data oficial generada en Venezuela, y aunque la información disponible de carácter formal, de fuentes oficiales como MENPET, PDVSA, Banco Central de Venezuela (BCV) y el Instituto Nacional de Estadísticas (INE), entre otros, se encuentra de forma dispersa, y en ocasiones poco actualizada, se ha logrado extraer y derivar los datos necesarios en forma suficiente y actualizada para lograr el objetivo propuesto.

El anuario Petróleo y Otros Datos Estadísticos (PODE) del MENPET, el cual recoge de forma muy completa todas las cifras operativas y financieras, así como las explicaciones relacionadas a la actividad petrolera, gasífera y petroquímica en Venezuela, presenta a la fecha (agosto 2012) un retraso en su publicación, pudiendo disponerse el correspondiente a 2007-2008 como el último publicado en el sitio web de ese ministerio. La información del PODE se complementa con data estadística del BCV y del INE, y finalmente se logra una buena aproximación de los datos más importantes con el último Informe de Gestión de PDVSA de 2011.

Adicionalmente, el contenido y el análisis se soportan en diversas y numerosas fuentes y autores que han trabajado en el tema de los combustibles, los subsidios y los impactos de la actividad petrolera en Venezuela, así como abundantes referencias a notas de prensa que han hecho un importante trabajo de divulgación, procurándose ubicar el análisis en diversos contextos, lo que permite identificar la problemática y posibles soluciones dentro de un marco lo más ceñido a la realidad social y económica del país. En todo momento que se utilizan cifras, comentarios, análisis, noticias, etc., se indican las fuentes, las referencias y los autores respectivos.

Capítulo 1
Conceptos y fundamentos sobre hidrocarburos en Venezuela

1.1 Aspectos económicos y rentísticos

Los hidrocarburos constituyen hoy en día la principal fuente energética mundial, y aunque cada vez más se acentúa la diversificación de las fuentes primarias de energía, el predominio de los hidrocarburos en la matriz de energía global se estima seguirá presente por varias décadas.

Por otra parte, el desarrollo de un negocio petrolero conlleva cuantiosas inversiones en investigación y desarrollo tecnológico, en exploración y evaluación de yacimientos para su explotación, en el desarrollo y ampliación de áreas de producción, en la extracción de los hidrocarburos del subsuelo, tanto en tierra firme como costa afuera, el tratamiento, manejo y disposición del petróleo y del gas natural extraídos, el transporte y su procesamiento en refinerías para la producción de derivados utilizables como combustibles y productos de diferentes tipos y usos, el transporte, distribución y comercialización de dichos derivados o productos refinados, entre los cuales tenemos gasolinas, diesel, GLP, kerosén, fueloil, parafinas, lubricantes, asfaltos, etc.

Todas estas actividades deben efectuarse no solamente bajo un esquema de rentabilidad económica, sino que deben llevarse a cabo garantizando altos estándares de seguridad y de mínimo impacto ambiental, y con un aporte social representativo, especialmente en las comunidades circundantes.

Por lo tanto, el negocio petrolero, el negocio de los hidrocarburos, es altamente exigente en cuanto a tecnología e inversiones, y conlleva riesgos que solamente pueden ser afrontados exitosamente por empresas altamente calificadas.

Los países con importantes reservas de petróleo en el subsuelo y que en su mayoría explotan y se convierten en exportadores netos de petróleo y derivados, gozan, en especial en épocas de altos precios internacionales, de una alta plusvalía o renta petrolera, que no es otra cosa que el extra que paga el mercado por esos productos por sobre sus costos operativos y de capital, producto del balance de oferta y demanda.

Puede considerarse, para simplificar los conceptos y bajo el marco legal actual, que en Venezuela la renta petrolera pertenece al Estado como propietario de la riqueza localizada en el subsuelo, y que éste recupera, una vez que el petróleo y sus productos han sido producidos y comercializados, mediante el cobro de diferentes impuestos a las empresas petroleras, entre otros mecanismos. En el caso de Venezuela uno de los principales cargos impositivos es el que se denomina Regalía, que es básicamente un porcentaje fijo del valor del petróleo y del gas extraídos; a este impuesto se añaden otros como el impuesto de extracción, para finalmente ser aplicado el impuesto sobre la renta. En la publicación de Diego González Cruz, Barriles de Papel No 87, *"EL SISTEMA INTERNACIONAL DE REGALIAS PETROLERAS PARA 2010"* (http://www.petroleum.com.ve/barrilesdepapel/), se demuestra que Venezuela tiene actualmente el impuesto de Regalía más alto del mundo, el cual llega a un máximo de 30%.

Lo que se quiere resaltar aquí es que cualquier país puede disponer de importantes riquezas petroleras y gasíferas, y que el propietario legal de esas riquezas, en el caso de Venezuela y varios otros países, es el Estado, el cual a su vez debe trasladar los beneficios o renta que provengan de estas riquezas a sus pobladores o habitantes. Sin embargo, esa riqueza no tiene valor si no es posible explotarla, y su valor se logra culminar una vez que el hidrocarburo ha sido extraído, procesado y comercializado, por lo tanto, la inversión y la actividad de la empresa operadora es fundamental para la materialización de esa renta.

En resumen, la renta petrolera es una parte del valor comercial del hidrocarburo, que dependiendo del tipo y del valor agregado que se le haya añadido por su procesamiento, alcanzará un precio que será determinado primordialmente por el equilibrio entre la oferta y la demanda.

Aunque hay otros enfoques, un esquema muy sencillo ayuda a entender el que aquí se plantea:

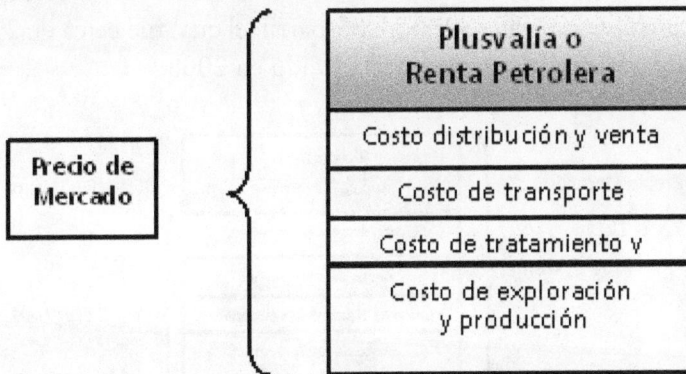

| Plusvalía o Renta Petrolera |
| Costo distribución y venta |
| Costo de transporte |
| Costo de tratamiento y |
| Costo de exploración y producción |

Precio de Mercado

Fig. 2 – Precio de mercado y renta petrolera

Es claro que la renta petrolera depende fundamentalmente del precio de mercado, y puede generalizarse que los costos operacionales y de capital, aunque varían dependiendo de la geografía y ubicación dónde se lleva a cabo la actividad de producción, de las características físicas y químicas del hidrocarburo y de la geología del yacimiento, son de fácil determinación. A la presente fecha, año 2012, con precios promedio de mercado en el orden de 100 US$/barril, éstos se encuentran holgadamente sobre los costos operativos y de capital de la mayor parte de las explotaciones petroleras del mundo.

En el caso específico de Venezuela, según la información publicada por PDVSA en su Informe de Gestión Anual 2009, los costos totales por barril producido y comercializado, sin considerar impuestos y regalías, y que incluyen costos operacionales y depreciación (usando ésta última a modo de recuperación de capital) promediaron aproximadamente 21 US$, mientras que el valor promedio de mercado de la cesta de exportación, que para 2009 fue bastante desfavorable, alcanzó, según PDVSA, 57 US$/barril, el cual fue cerca de 29 dólares menor al promedio alcanzado en 2008.

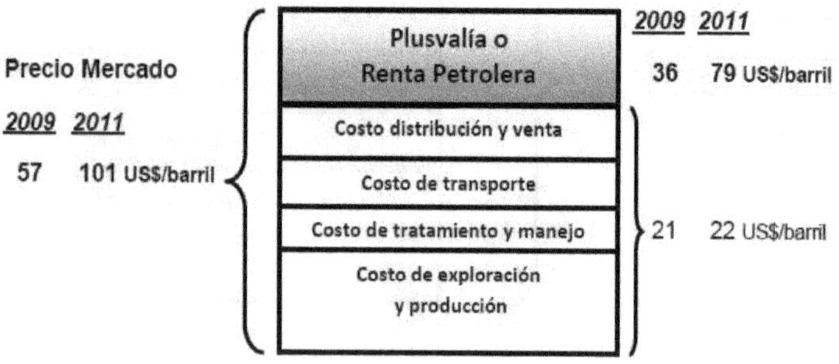

Fig. 3 – Precios de mercado, costos y renta petrolera venezolana 2009 y 2011

De estas cifras se visualiza claramente que la renta petrolera es substancial a los niveles actuales de precios internacionales. Para el año 2011, con base en las cifras que indica PDVSA en su Informe de Gestión Anual, se puede estimar, de manera muy general, que la renta petrolera de Venezuela alcanzó un promedio cercano a 79 US$/barril exportado.

Es importante resaltar la volatilidad. La renta petrolera de Venezuela en 2011, medida en US$/barril, fue más del doble de la que se registró en 2009, básicamente por el efecto precios. Esto ha llevado a muchos países exportadores de petróleo, cuyas economías son altamemente dependientes de esta actividad, a crear mecanismos como fondos de ahorro o de estabilización macroeconómica, de forma que sobre ciertos umbrales de precios o de ingresos, los fondos adicionales o extraordinarios son objeto de ahorro y sirven para amortiguar caídas en los precios internacionales de los hidrocarburos, fenómenos cíclicos que generalmente vienen asociados a crisis económicas regionales o globales como las registradas a finales de la década de los 90´s y durante 2008-2009. Ejemplos de estos mecanismos de ahorro o de estabilización macroeconómica los constituyen los fondos petroleros creados en países como Noruega y en algunos países árabes, cuyos montos ahorrados llegan a centenares de millardos de dólares.

Venezuela creó de igual modo, en 1998, un fondo petrolero de estabilización llamado *"Fondo de Inversión para la Estabilización Macroeconómica"* (FIEM), que aún existe con varias modificaciones y denominaciones, siendo la última *"Fondo de Estabilizacion Macroeconómica"* (FEM), pero que ha quedado sin uso y prácticamente sin fondos por la instrumentación de otros mecanismos de disposición de la renta, principalmente desde 2005, con la creación de otro fondo, que no es de ahorro, denominado *"Fondo de Desarrollo Nacional"* (FONDEN), cuyo objeto es disponer de los llamados recursos extraordinarios, e incluso reservas internacionales del BCV, para su utilización en programas y proyectos que el Ejecutivo Nacional considere necesarios. Aunque se argumenta que el FONDEN ha permitido la disponibilidad oportuna de recursos financieros para numerosos proyectos y programas sociales, existen objeciones y críticas a este mecanismo que principalmente se sustentan en la poca información que provee y su escasa rendición de cuentas, y que hasta el momento sus logros contrastan con la gran cantidad de recursos que se le han destinado. De acuerdo al Informe de Gestión de PDVSA de 2011, el FONDEN ha recibido aportes de PDVSA por más de 44 mil millones de US$ entre 2006 y 2011, cifra que representa cerca del 36% de los aportes de PDVSA al rubro denominado "desarrollo social", desde 2001.

1.2 Aspectos técnicos y operativos

Los hidrocarburos constituyen un conjunto de productos que van desde petróleo crudo y gas natural hasta productos refinados para uso como combustibles y como insumos petroquímicos e industriales de diferente naturaleza.

Por lo tanto, el negocio petrolero puede desarrollar una larga cadena de valor que conlleva inversiones, creación de empleo, diversificación de productos y de fuentes de ingreso.

Desde antes de la nacionalización de la industria petrolera, decretada en 1975, en Venezuela ya existía una importante infraestructura de áreas de producción, sistemas de transporte a través de oleoductos y gasoductos, importantes refinerías, el inicio de la industria petroquímica y diversos puntos de almacenamiento y despacho de productos tanto para venta al mercado interno como para exportación. Sin embargo, la mayor rentabilidad que siempre aportó el negocio de exportación, generó rezagos de inversión en la infraestructura de abastecimiento al mercado interno.

Desde 1976 hasta 1999 la industria petrolera venezolana desarrolló multiples procesos de ampliación y diversificación del negocio petrolero, mayor aprovechamiento del gas natural, intensivas inversiones en infraestructura de suministro para el mercado interno y un crecimiento significativo del negocio petroquímico. Adicionalmente, extendió inversiones hacia negocios internacionales que le permitieron asegurar la colocación de crudos específicos en refinerías y mercados de alta demanda y capacidad de pago como Europa y Estados Unidos.

Aun cuando entre 1986 y 1999 los precios internacionales del petróleo registraron uno de sus menores niveles en términos reales, se podría considerar el lapso 1990-2000 como el periodo de mayor desarrollo del negocio petrolero venezolano en cuanto a capacidad de producción, diversificación de mercados y productos, así como cuando se culmina el desarrollo de una importante infraestructura para el suministro de combustibles al mercado interno y se alcanza la mayor capacidad de producción petroquímica.

Con base en la información disponible del MENPET, PODE 2007-2008, así como en el último Informe de Gestión de PDVSA de 2011, la industria petrolera venezolana presenta las siguientes capacidades y niveles de producción, mostrados a continuación, a efectos comparativos, para los años 2008 y 2011:

PRODUCCIÓN TOTAL PDVSA Y ASOCIADOS (VENEZUELA)

	2008	2011
PETRÓLEO CRUDO (MBD)	3254	2991
GAS NATURAL NETO(MMPCD)	4030	4241

MBD: miles de barriles diarios
MMPCD: millones de pies cúbicos diarios

REFINACIÓN, MEJORAMIENTO DE CRUDO Y PROCESAMIENTO GAS

	2008	2011
CAPACIDAD TOTAL REFINACIÓN (MBD) *(VENEZUELA Y EXTERIOR)*	3000	2822
PETRÓLEO REFINADO EN VENEZUELA (MBD)	1010	990
CRUDO MEJORADO (MBD)	695	690
CAPACIDAD EXTRACCIÓN / FRACCIONAMIENTO DE GAS (MMPCD)	4765	4855
PRODUCCIÓN LIQ. GAS NATURAL - LGN (MBD)	162	138

DERIVADOS, GAS Y CRUDOS A VENTA (VENEZUELA)

REFINERIÁS	2008	2011
GASOLINAS MOTOR (MBD)	308	300
DESTILADOS (MBD)	286	280
RESIDUALES ALTO Y BAJO AZUFRE (MBD)	278	270
KEROSEN Y TURBO-K (MBD)	78	75
NAFTAS Y JET (MBD)	57	55
OTROS (MBD)	70	70
CONSUMO REFINERIAS (MBD)	72	72
TOTAL REFINADOS	1149	1122(*)
GAS METANO VENTA - NO INCLUYE SECTOR PETROLERO (MMPCD)	1682	1676
VENTA LGN´S MERC. INTERNO (MBD)	108	108
EXPORTACIONES LGN´S (MBD)	54	30
PETROLEO CRUDO y MEJORADO (MBD)	2228	1917

(*) Disgregación de Refinados 2011 estimada según resultados por productos y totales de las fuentes MENPET y PDVSA

En general, se podría asumir que la producción de petróleo, según cifras oficiales, se ha mantenido en el orden de los 3 millones de barriles diarios. Esto, si bien parece indicar cierta estabilidad de la capacidad de producción, contrasta con el plan de desarrollo de PDVSA que se denominó *"Plan Siembra Petrolera"*, anunciado desde 2005, en el que se detallaron inversiones e iniciativas de negocio para llevar la cifra de producción petrolera en Venezuela a 5,4 millones de barriles diarios para 2012.

De igual modo, puede mencionarse algo parecido respecto a la producción de gas, la capacidad de refinación, la venta de gas metano al mercado interno y la producción de líquidos del gas natural (LGN), las cuales no han registrado aumentos, y mas bien disminuciones entre 2008 y 2011, afectándose los volúmenes de exportación de rubros importantes como LGN, refinados y petróleo crudo.

El Plan Siembra Petrolera, en el lapso 2006-2012, contemplaba proyectos concretos de inversión para el desarrollo de nueva producción de gas, especialmente costa afuera, así como importantes desarrollos de nuevas refinerías y ampliaciones de las existentes, los cuales registran retrasos significativos que no han permitido añadir mayor producción ni capacidad adicional representativa a las ya existentes para antes del diseño del referido plan. Se hace de extrema urgencia reforzar y acelerar, aunque sea parte de esos proyectos, para poder asegurar, a corto plazo, la continuidad del suministro de combustibles al mercado interno en Venezuela.

1.3 Balance Oferta-Demanda del mercado interno venezolano

El mercado interno venezolano registra importantes aumentos en la demanda de combustibles; entre ellos destaca el aumento de la demanda de combustibles para generación eléctrica, en especial, con el esquema de generación térmica distribuida que ha instrumentado el gobierno como paliativo ante la creciente demanda de electricidad. La vulnerabilidad de la generación hídrica que se hizo patente en 2010 debido a la disminución de los aportes fluviales como consecuencia de la climatología desfavorable del momento, así como el deterioro de una porción importante de la capacidad de generación térmica interconectada, causaron fuertes racionamientos eléctricos que el gobierno ha tratado de corregir con los sistemas de generación distribuida a base de combustible diesel; por otra parte, el aumento de la capacidad de generación particular a la que han recurrido empresas, comercios y sectores residenciales para cubrir el déficit de suministro por parte de los prestadores del servicio, está contribuyendo significativamente a este aumento de la demanda de diesel a nivel nacional.

Por otro lado, el suministro de gas metano, que podría suplir buena parte de esta demanda de combustibles para generación térmica, como se ha observado, no presenta incrementos sino decrecimiento, razón por la cual, la mayor parte de la demanda de combustibles para la generación térmica adicional se debe satisfacer con combustibles líquidos, en su mayor parte diesel.

De igual manera, se tiene el crecimiento de la demanda interna de gasolina. Según cifras del Instituto Nacional de Estadísticas (INE), el parque automotor en Venezuela creció un 109% entre el año 2000 y 2008. Para el año 2008 se registra un parque automotor de más de 5,2 millones de vehículos, cifra que para finales de 2012 se estima llegue a cerca de 7 millones de vehículos, de acuerdo al crecimiento anualizado que se registra entre 2000 y 2008.

http://www.ine.gov.ve/documentos/Ambiental/PrincIndicadores/html/ambien_
medioAmbiente_2.html

Parque automotor en Venezuela 2000-2008 en miles de vehículos (Proyección 2009-2012)
Elaboración Propia con base en data Instituto Nacional de Estadística (INE)

Fig. 4 – Parque automotor en Venezuela

De acuerdo al trabajo *"El Parque Automotor en la República Bolivariana de Venezuela 1990-2011, Estratos Medios de la
Población y Elecciones 2012"*, publicado por la Universidad de
Los Andes (ULA), a cargo del Profesor Lílido N. Ramírez, el
número de habitantes en Venezuela por cada vehículo automotor se reduce de 10,6 hab/vehículo a 5,4 hab/vehículo entre
1999 y 2008. Este indicador, que coloca a Venezuela dentro
de los mejores promedios regionales, desde un punto de vista
interpretativo como calidad de vida, también es indicativo de
que la demanda de combustible automotor tiende a aumentar
a un ritmo mucho mayor que el crecimiento demográfico.

23

A manera de resumen de la situación con los combustibles de mayor demanda en el mercado interno venezolano, es oportuno hacer referencia a los siguientes trabajos de Nelson Hernández, *"Precios de las Energías en Venezuela"* y *"Situación Operativa de la Industria Venezolana de los Hidrocarburos"*, ambos de mayo 2012, en los que se indica que el consumo de gasolina y diesel en el país alcanzan, para 2011, cerca de 500 mil barriles diarios (MBD), y el crecimiento de la demanda de diesel para generación eléctrica con una potencia de 4000 Megavatios (Mw), puede llegar a más de 100 MBD para 2013, con lo cual se agotaría toda la holgura o excedente de oferta local de diesel y obligaría a su importación de forma regular.

El siguiente cuadro resume la situación de la gasolina y del diesel bajo estas consideraciones:

BALANCE GASOLINA USO AUTOMOTOR (MBD)

	1999	2008	2011
PRODUCCIÓN PDVSA	334	308	300
CONSUMO AUTOMOTOR	200	288	310
EXCEDENTE (IMPORTACIÓN)	134	20	(10)

Fuentes de información: MENPET-PODE 2007-2008, PDVSA Informe 2011, Nelson Hernández, 2012

BALANCE DIESEL (MBD)

	1999	2008	2011
PRODUCCIÓN PDVSA	302	262	260
CONSUMO TOTAL *(AUTOMOTOR, ELÉCTRICO, OTROS)*	74	147	181
EXCEDENTE (IMPORTACIÓN)	228	115	79

Fuentes de información: MENPET-PODE 2007-2008, PDVSA Informe 2011, Nelson Hernández, 2012

Referencia de prensa respecto al balance oferta-demanda de combustibles en Venezuela:

http://www.el-nacional.com/noticia/22116/18/Deficit-de-gasolina-alcanza-40-000-barriles-por-dia.html

DÉFICIT DE GASOLINA ALCANZA 40.000 BARRILES POR DÍA

11-Feb 2012 06:44 am | **Andrés Rojas Jiménez**

EL BAJO PRECIO HA PROPICIADO QUE CADA VENEZOLANO CONSUMA TRES LITROS DIARIOS DEL COMBUSTIBLE

Llenando un tanque de combustible

| EFE/ Marcelo Sayão/ARCHIVO

*La mitad del consumo de productos refinados del **petróleo en Venezuela** se corresponde exclusivamente a gasolina; y cifras preliminares correspondientes al año pasado indican que se llegó a una situación en la cual la oferta local no cubre la demanda.*

*De acuerdo con datos que maneja **Petróleos de Venezuela,** en 2011 el consumo interno de gasolina alcanzó 320.000 barriles diarios, una variación de 1,5% con respecto a 2010, mientras que la producción de este combustible arrojó una media de 280.000 barriles diarios, con lo que se creó un déficit de 40.000 barriles por día.*

"Se está importando gasolina para atender la demanda y estamos en una situación en la que se puede originar una crisis como la que ocurrió en Irán, porque ni siquiera se está discutiendo qué se podría hacer

*para solventar el problema que se nos viene encima",
advierte Ramón Castro Pimentel, ex vicepresidente de
Deltaven, filial de Pdvsa encargada de la comercialización de combustibles.* **"El subsidio en el precio
propicia que el venezolano consuma diariamente
tres litros de gasolina**, *mientras que en Estados Unidos ni siquiera llega al medio litro diario por persona",
agrega el experto.*

*Indica que los estudios realizados por Deltaven
arrojaron que 70% del consumo de gasolina se corresponde a vehículos particulares; y este porcentaje a su
vez representa 20% de la población que goza directamente de recibir un subsidio en el cual por un litro
del líquido de 95 octanos a lo sumo paga 9 centavos de
bolívar por litro, equivalente a 2 centavos de dólar a la
tasa oficial de 4,30 bolívares por dólar.*

Castro Pimentel *parte del criterio que el parque automotor del país alcanza 5 millones de vehículos
aproximadamente.*

*De esa cantidad 3,2 millones (64% del total) se
corresponde exclusivamente a particulares, 600.000
son motocicletas, 950.000 son camiones o vehículos de
transporte y 250.000 son taxis.* **En 89% de las unidades se utiliza gasolina y sólo 11% requiere diesel.**

*El ex directivo de Deltaven advierte que la pro-
ducción ha caído debido a la falta de mantenimiento
en las plantas de refinación y porque hay un rezago
en la construcción de nuevos centros industriales como
estaba previsto en el Plan de Siembra Petrolera elaborado por Pdvsa.*

*Una de las salidas ha sido la importación, como
revelan las cifras del Departamento de Energía de
Estados Unidos referidas a exportaciones de productos refinados. Estos datos señalan a* **Venezuela como**

el país de América Latina, que durante el año pasado registró el mayor incremento en compras de combustibles a esa nación norteamericana al mostrar una variación de 44% y colocarse en 28.700 barriles diarios como promedio anual.

Esa tendencia se mantuvo durante el primer mes de 2012 al punto que la OPEP reportó que la caída en el consumo interno de gasolina en Estados Unidos se compensó parcialmente por importaciones hechas por Venezuela.

Comercio ilegal. El bajo precio de la gasolina en Venezuela el más bajo del mundo es el principal incentivo para que persista el contrabando no sólo en puntos limítrofes terrestres como Colombia y Brasil, sino incluso marítimo hacia islas del Caribe como Curazao, Aruba, Grenada, Trinidad y Tobago.

En Pdvsa se asume que el volumen de comercio ilegal de gasolina está por el orden de 72.000 barriles diarios, lo que representa 22,5% del consumo interno del país.La estatal hasta el momento ha reforzado el control en la frontera en el estado Táchira, donde existen restricciones en la venta para los habitantes de esa entidad mediante el uso de chips electrónicos en los vehículos; y simultáneamente se han establecido cuotas de venta a Colombia.

Fin del artículo.

En el artículo se mencionan cifras que ligeramente difieren de las previamente expuestas, pero es un hecho que para 2011 ya existe un déficit de gasolina para uso automotor; es información pública la necesidad de importar gasolina o componentes de la misma para su elaboración a fin de satisfacer la demanda durante este último año. La tendencia se agudiza al considerar que el aumento de la demanda por el altísimo crecimiento del parque automotor se combina con una reducción de la producción en las refinerías del país. Respecto al diesel, se observa el mismo comportamiento, pero registrando un aumento significativo de la demanda local, no sólo por el crecimiento del parque automotor, sino también por la demanda adicional para satisfacer los nuevos requerimientos de generación eléctrica. De hecho, si se concreta la demanda de diesel para la generación térmica adicional, la holgura volumétrica actual en cuanto a disponibilidad de combustible diesel desaparecería de igual modo que ocurrió con la gasolina para uso automotor.

En resumen, de un excedente para exportación de estos productos refinados que para el año 1999 alcanzaba más de 360 MBD, en 2011 esta holgura fue apenas de 69 MBD, registrándose durante dicho lapso una disminución en la producción de gasolina y diesel en las refinerías venezolanas de aproximadamente 72 MBD. Razón por la cual, de no concretarse en los próximos meses, aunque sea una parte de los planes de inversión que desde 2005 PDVSA viene anunciando para incrementar la producción petrolera y ampliar su capacidad de refinación en el país, la situación del suministro de gasolina y diesel, en especial para el sector automotor, va a verse en mayores dificultades, y bajo el riesgo de tener que extender los racionamientos que hoy se llevan a cabo en las poblaciones cercanas a la frontera con Colombia y con Brasil, a localidades como las capitales de Estado, e incluso Caracas, con las consecuencias que todo eso pueda acarrear.

Capítulo 2
Análisis de costos, subsidios e impactos de los precios de los hidrocarburos para uso automotor

2.1 Aspectos econonómicos del mercado interno de los hidrocarburos

En esta sección se detalla y se analiza la magnitud de los subsidios implícitos a los hidrocarburos líquidos para el mercado interno venezolano, y se focaliza sucesivamente en lo que representan estos subsidios en el ámbito de los combustibles gasolina y diesel para uso automotor, cuyos volúmenes representan más del 65% del volumen total de combustibles líquidos que hoy se venden en Venezuela, sin considerar los que se consumen en los procesos de la industria petrolera.

Según se puede derivar de las cifras del MENPET y de PDVSA, para el año 2011 las ventas de gasolina y diesel para uso automotor en Venezuela se estima alcanzan 391 MBD, mientras que el consumo total de combustibles líquidos es de 601 MBD, sin incluir 71 MBD que consume la industria petrolera en sus procesos.

Mientras que el costo de producción y de venta de la cesta de combustibles líquidos que se suministran en el mercado interno puede estimarse de manera conservadora en US$ 25,40 por barril en el año 2011, el precio promedio de venta de los mismos en el mercado interno se estima en aproximadamente US$ 6,50 por barril, en cuyo cálculo se contempla que el precio promedio ponderado de venta de la gasolina y del diesel para uso automotor es apenas US$ 2,83 por barril.

Fig. 5 – Precios y costos hidrocarburos mercado interno Venezuela

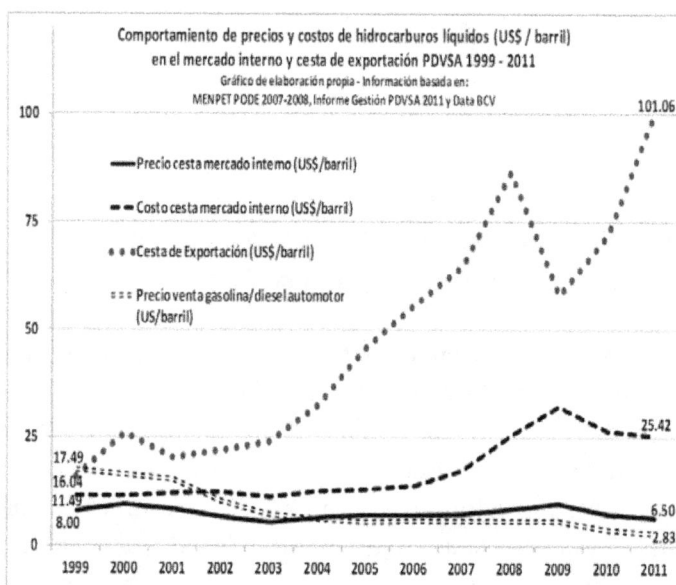

Comportamiento de precios y costos de hidrocarburos líquidos (US$ / barril) en el mercado interno y cesta de exportación PDVSA 1999 - 2011
Gráfico de elaboración propia - Información basada en:
MENPET PODE 2007-2008, Informe Gestión PDVSA 2011 y Data BCV

— Precio cesta mercado interno (US$/barril)
— — Costo cesta mercado interno (US$/barril)
• • • Cesta de Exportación (US$/barril)
= = = Precio venta gasolina/diesel automotor (US/barril)

Lo anterior proporciona otro perfil de lo que significa el rezago en el precio de los combustibles automotores en Venezuela. El precio de venta que puede estimarse de la porción restante de los combustibles líquidos es de US$ 13,37 por barril. Por tal razón, cualquier ajuste en los niveles de precios de venta de los combustibles para uso automotor proporcionaría un impulso importante para moderar el efecto que este esquema de precios tiene sobre las finanzas de PDVSA y del Estado, por mencionar solamente un aspecto de la problemática.

En la gráfica mostrada en la Fig. 5, elaborada a partir de la data publicada por el MENPET, PDVSA y el BCV, se observa el comportamiento de los precios de venta locales y los costos de los hidrocarburos líquidos, y además, los precios de venta de la cesta de hidrocarburos que se exporta desde Venezuela. La data se monta desde 1999, y en ella se observa cómo paulatinamente se cruzan y se distancian las curvas de precios y de costo.

Curiosamente, para 1999, aun cuando para esa fecha ya tenía 3 años sin ajustarse, la cesta de combustibles para uso automotor se vendía en Venezuela a un precio mayor a los costos de producción, lo que permitía que PDVSA aun dispusiera de recursos para invertir en infraestructura de transporte y distribución, como lo hizo entre 1985 y 1996, y disponer de márgenes de comercialización que permitían y estimulaban la inversión privada en transporte, expendios y estaciones de servicio.

Los efectos inflacionarios, la sucesiva devaluación de la moneda y el congelamiento de los precios hizo que, a partir del año 2002, los precios de los combustibles automotores pasaran de estar subsidiados respecto a los costos de oportunidad de la cesta de exportación, a estarlo también desde el punto de vista de costos de producción y venta. Este escenario colocó el negocio en márgenes negativos y se convirtió en un costo neto acarreado por PDVSA. A partir de ese momento, esta carga se añade a las de todas las actividades extrapetroleras, como importación y expendio de alimentos, construcción de viviendas, dotación de servicios públicos, generación eléctrica, que se han venido sumando a las responsabilidades financieras y operativas de esta empresa.

El siguiente artículo, publicado recientemente en prensa nacional, proporciona una resumida visión histórica y una perspectiva de la situación que en esta sección se plantea:

EL PETRÓLEO Y EL MERCADO INTERNO

ODOARDO LEÓN-PONTE | EL UNIVERSAL
Martes 12 de junio de 2012 11:37 AM

El mercado interno de los hidrocarburos es un segmento importantísimo de la industria petrolera venezolana. Las razones: es un mercado prioritario al cual hay que servir primero, genera inmensas pérdidas, está desbalanceado en la participación financiera de los distintos segmentos de la cadena de distribución; subsidia a todos los segmentos de la actividad industrial y agrícola del país; incide sobre las exportaciones en la medida en que crece y es factor primordial en la generación de energía en el país. Además, ha sido el segmento en el cual a través de una multiplicidad de personajes se han barajado idas y venidas, marchas y contramarchas, todo en función política y no de un enfoque orientado al mejor manejo y a la búsqueda del mejor y menos oneroso servicio para el consumidor final. Esto ha resultado en la situación de caos en que hoy se maneja con el consecuente servicio deficitario para el cliente y de pérdida para los involucrados.

Definiéndolo, el mercado interno incluye: las estaciones de servicio donde se vende al automovilista gasolina, gasoil y lubricantes; los mercados industriales que suplen a la industria: los combustibles, lubricantes, asfaltos, parafinas y solventes, directamente o a través de distribuidores; de aviación, que sirve a los sectores nacional e internacional en todos los aeropuertos del país; de combustible para los barcos y de gas para la industria y licuado para el sector doméstico. El suministro requiere refinerías, buques de cabotaje adaptados al mercado nacional, plantas de almacenamiento y distribución, plantas de mezclado y llenado de lubricantes, poliductos, gandolas para el transporte terrestre y estaciones de servicio.

En el período previo a la estatización de la actividad relacionada con el petróleo hubo un normal desinterés por parte de las empresas operadoras, unido a la incapacidad de la CVP de llenar el rol que el Estado le quería asignar y que ésta mal podía desempeñar. Esta situación de déficit en las instalaciones y servicios comenzó a ser superada a raíz de la estatización, período durante el cual se iniciaron procesos para superar el inmenso retraso de 40 años de la planta física. Se construyeron nuevas plantas de distribución, se incorporaron conceptos de diseño de las estaciones de servicio basados en nuevos enfoques para prestar el mejor servicio al cliente, se mejoraron las plantas de mezclado y envasado de lubricantes, se reintrodujo el concepto y el correspondiente servicio de asistencia técnica; se inició un proceso de adecuación para prestar el servicio que desde la creación de la CVP se había deteriorado significativamente. En un momento se tomó la oportuna y correcta decisión de abrir el mercado interno a las empresas privadas, introduciendo así el concepto de competencia que se había eliminado desde la creación de la CVP y que se mantuvo, después, con la estatización de la industria. El mercado interno se mejoró significativamente a pesar de que para Pdvsa era un mercado de pérdida en comparación con el mercado de

*exportación. Privó el criterio de que había que proveer
el servicio necesario.*

*No se han mantenido las acciones necesarias
(incluso se ha permitido la eliminación de estaciones
de servicio) para que las instalaciones, los productos y los precios justos respondan y puedan atender
a los requerimientos del negocio y del consumidor.
(odoardolp@gmail.com)*
(http://odoardolp.blogspot.com)

Fin del artículo

2.2 ¿QUÉ SE ENTIENDE POR SUBSIDIO?

Desde un punto de vista económico, un subsidio es el margen que en términos de precios o de aporte económico el Estado concede de forma directa o indirecta a un sector de la
sociedad, como una ayuda o estímulo para lograr equilibrios,
asegurar su sostenibilidad o estimular el consumo o la producción de un bien o de un servicio.

En el caso de los combustibles, tradicionalmente, el Estado
venezolano ha regulado sus precios en el mercado interno a
modo de proveer a los consumidores locales de una parte de la
renta petrolera, en especial a los sectores de menores ingresos,
que constituyen la mayoría de la población.

En este caso, se denomina *subsidio implícito* debido a que
este aporte es recibido por los consumidores de estos productos
pagando por ellos un precio menor al que comúnmente
pagarían si dicho precio no se regulara, y que como mínimo,
nunca sería inferior a los costos operativos y de capital para
producirlo y despacharlo en los lugares de expendio, y como
máximo, tendería a llegar a los mismos precios de equilibrio

en relación a la opción alternativa para su colocación, que sería el precio de exportación, o de importación.

Por lo tanto, se identifican dos niveles de subsidio; el que comúnmente refieren los analistas, que es el relacionado al costo de oportunidad de exportación (el que muestra el mayor impacto económico), y el otro, que en este caso ahora adquiere magnitudes significativas, el subsidio referido al costo.

El subsidio implícito relacionado al valor de la cesta de exportación, si bien es el de mayor impacto, es de igual modo el de mayor variabilidad debido a la volatilidad de los precios petroleros internacionales. En la gráfica de Comportamiento de Precios y Costos de los Hidrocarburos Líquidos (Fig. 5) se observa el crecimiento prácticamente exponencial de la diferencia entre los precios de venta de los combustibles automotores en Venezuela, y el precio de la cesta de hidrocarburos de exportación. Para el año 2011 esta diferencia llega a US$ 98 por barril, pero también se observa que, aunque para el año 2008, un año también de altos precios petroleros internacionales, esta diferencia fue de US$ 81 por barril, en el año 2009 los precios de exportación disminuyeron y dicha diferencia se redujo a US$ 52 por barril, y en el año 2010 esta diferencia aun siguió siendo inferior a la de 2008. A pesar de este comportamiento, se puede asegurar que el subsidio implícito de los combustibles que se comercializan en el mercado interno, desde el punto de vista de costo de oportunidad de exportación, ha llegado a niveles que podrían considerarse como una severa distorsión de mercado, en especial, el de los combustibles automotores.

A modo ilustrativo, en la Fig. 6 se muestran los precios vigentes al público de la gasolina de alto octanaje en diferentes países, al mes de mayo de 2012. La intención es resaltar que el precio vigente en Venezuela, el más bajo del mundo, es equivalente a 2 centavos de dólar por litro (0,02 US$/lt), mientras que el precio en un país como Irán, que se ha caracterizado por proveer altos niveles de subsidios en sus combustibles, pasó de estar en 0,10 US$/lt en diciembre de 2010, siendo para esa fecha un precio 5 veces mayor al de Venezuela, a un máximo de 74 centavos de dólar por litro a partir de enero de 2011. Países fronterizos con Venezuela, como Colombia, con un precio de 1,25 US$/lt, y Brasil con 1,70 US$/lt representan diferenciales que estimulan irremediablemente la actividad de contrabando de extracción desde Venezuela. Ecuador, otro país latinoamericano, productor de petróleo y miembro de la OPEP, vende la gasolina en su mercado interno a 0,47 US$/lt, o sea, a un precio 24 veces mayor que el de Venezuela. Méjico, país con una industria exportadora de petróleo de magnitud similar a la venezolana, vende la gasolina en su territorio a 0,85 US$/lt.

Otro caso muy curioso es el de Noruega, importantísimo productor y exportador de petróleo, registra el precio al público más elevado en el mundo, llegando el litro de gasolina de alto octanaje a 2,56 US$/lt.

Este último es un ejemplo de que pueden manejarse otros criterios para la distribución de la renta petrolera sin generar las distorsiones de mercado que se van acumulando y se hacen tan difíciles de corregir cuando se instrumentan esquemas de subsidios de esta naturaleza.

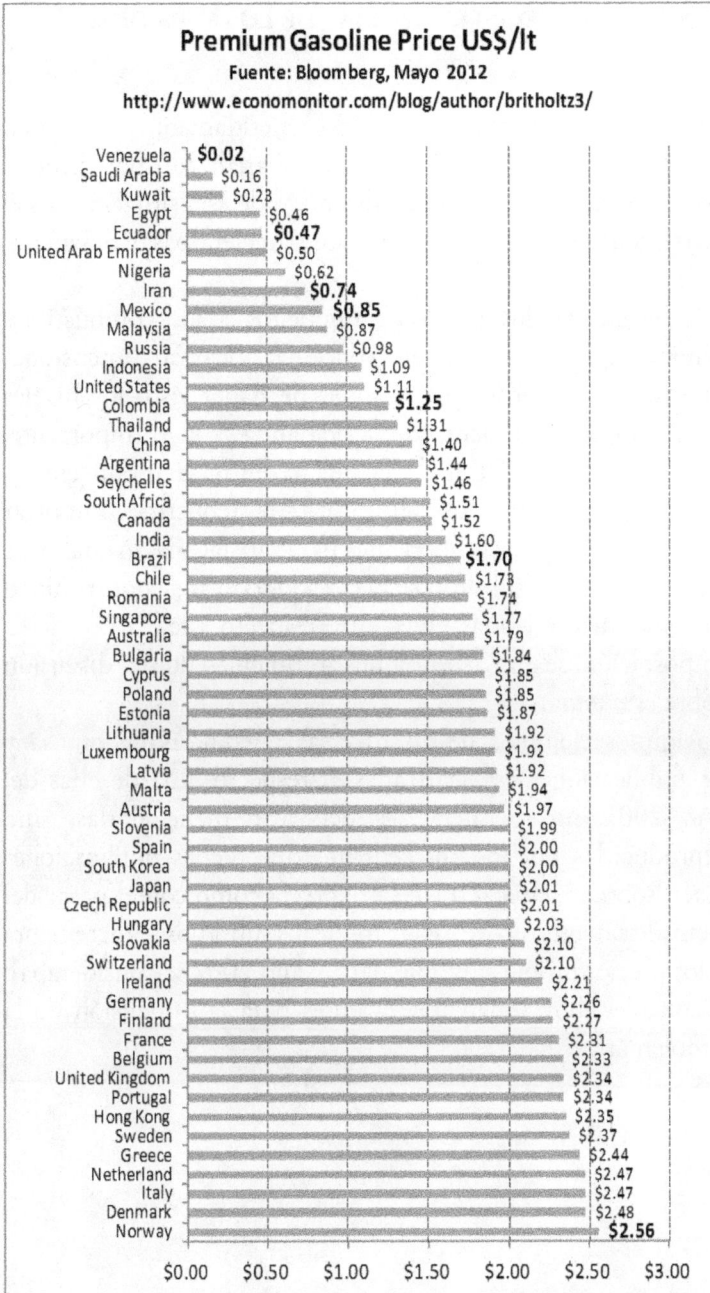

Premium Gasoline Price US$/lt
Fuente: Bloomberg, Mayo 2012
http://www.economonitor.com/blog/author/britholtz3/

Venezuela	$0.02
Saudi Arabia	$0.16
Kuwait	$0.23
Egypt	$0.46
Ecuador	$0.47
United Arab Emirates	$0.50
Nigeria	$0.62
Iran	$0.74
Mexico	$0.85
Malaysia	$0.87
Russia	$0.98
Indonesia	$1.09
United States	$1.11
Colombia	$1.25
Thailand	$1.31
China	$1.40
Argentina	$1.44
Seychelles	$1.46
South Africa	$1.51
Canada	$1.52
India	$1.60
Brazil	$1.70
Chile	$1.73
Romania	$1.74
Singapore	$1.77
Australia	$1.79
Bulgaria	$1.84
Cyprus	$1.85
Poland	$1.85
Estonia	$1.87
Lithuania	$1.92
Luxembourg	$1.92
Latvia	$1.92
Malta	$1.94
Austria	$1.97
Slovenia	$1.99
Spain	$2.00
South Korea	$2.00
Japan	$2.01
Czech Republic	$2.01
Hungary	$2.03
Slovakia	$2.10
Switzerland	$2.10
Ireland	$2.21
Germany	$2.26
Finland	$2.27
France	$2.31
Belgium	$2.33
United Kingdom	$2.34
Portugal	$2.34
Hong Kong	$2.35
Sweden	$2.37
Greece	$2.44
Netherland	$2.47
Italy	$2.47
Denmark	$2.48
Norway	$2.56

$0.00 $0.50 $1.00 $1.50 $2.00 $2.50 $3.00

Fig. 6 – Precios de gasolina Premium al consumidor (US$ / litro), mayo 2012

2.3 MAGNITUD Y TENDENCIAS DE LOS SUBSIDIOS

El tema no es novedoso. Ha sido repetidamente referido en diferentes medios de comunicación y analizado por diversos especialistas que han venido alertando de esta situación. Es el crecimiento de una "burbuja" que pareciera pasar desapercibida.

El efecto de los subsidios implícitos a los combustibles líquidos que se venden en Venezuela alcanza dimensiones que no deben sorprender después de haber visto los niveles de precio, el crecimiento de la demanda, y algo importante, el rápido acortamiento de la brecha entre la producción y la demanda, llegándose al punto de requerirse importar combustibles o sus componentes para satisfacerla, lo cual hace que el referirse al subsidio respecto a los costos de oportunidad de exportación, o más grave aun, respecto a los costos de su importación, sea un asunto obligatorio en cualquier discusión sobre este tema.

Algunos ejemplos de las diversas referencias de prensa y de publicaciones especializadas al respecto, una de ellas del año 2007, no solamente es necesario mencionarlas, sino reproducirlas por los antecedentes que dichas publicaciones traen sobre el tema. En ellas se aprecia como con el pasar del tiempo la magnitud de los costos de los subsidios se incrementa y los precios propuestos, que para el año 2007 se consideraban razonables, hoy serían insuficientes para la dimensión de la problemática:

PDVSA PIERDE 1 MILLARDO DE DÓLARES ANUALES EN LA VENTA DE GASOLINA

Por Venezuela Real - 23 de enero, 2007, 8:32, Categoría: **Petróleo/Energía**

JOSÉ SUÁREZ-NÚÑEZ / CORINA RODRÍGUEZ PONS
El Nacional23 de enero de 2007

El Gobierno venezolano tiene que subir a 200 bolívares el precio del litro de gasolina para que Petróleos de Venezuela cubra los gastos para fabricar un litro de combustible, y si no lo hace seguirá perdiendo 1 millardo de dólares anuales en la producción y comercialización de 35 millones de litros de gasolina y 10 millones de litros de diesel.Está en marcha un proyecto de Pdvsa para convertir a gas 350.000 vehículos que consumen gasolina y diesel, un paso importante para no complicar el mercado después de 8 años sin mover los precios.La extracción de un barril de gasolina cuesta 4 dólares, llevarlo a la refinería medio dólar, refinarlo un promedio de 2,50 dólares, y posteriormente trasladarlo a las plantas de llenado otro medio dólar. Estos procesos totalizan 7,50 dólares el barril, que equivalen a 100 bolívares el litro.A este monto hay que agregarle 32 bolívares por litro de la cadena de comercialización compuesta por el transportista, mayorista y estación de servicio, y 30 bolívares por el impuesto a las ventas que paga Pdvsa al Estado venezolano. El costo total para fabricar un litro es de 162 bolívares. El litro de gasolina tiene dos precios: el de 91 octanos se vende en 70 bolívares y el de 95 octanos en 97 bolívares; el diesel se mantiene en 48 bolívares el litro. Pdvsa recibe un

41

promedio de 80 bolívares por el litro vendido, pero le ha costado fabricarlo 162 bolívares, por lo que arrastra un déficit de 82 bolívares por litro. Calculando que se venden 35 millones de litros de gasolinas y 10 millones de litros de diesel o gasoil en el mercado interno, esto significa una pérdida de casi 700 millones de dólares anuales en cifras de 2003, con un consumo de 240.000 barriles diarios. En la actualidad, se venden 270.000 barriles diarios de gasolinas, subiendo el consumo a más de 55% la de 95 octanos, con lo cual según el cálculo, las pérdidas se incrementan a 1.000 millones de dólares.el economista José Guerra considera que este sorpresivo aumento del precio de la gasolina, que se ha mantenido estable los últimos 8 años durante la administración del presidente Chávez, es una precaución porque el precio del barril de petróleo ha caído más de 9 dólares. Para Guerra, el impuesto más fácil es el de las gasolinas que se cobra de rutina cada día, y el anuncio tiene una razón fiscal, porque todas las empresas estatales dan pérdidas y están a la vista las intervenciones en las papeleras, textileras, centrales azucareras y los grupos endógenos. Finaliza que no hay precios del petróleo que aguanten un Estado venezolano derrochador. Salvador Arrieta, el último director gerente de Deltaven, de la pasada administración, expresó que los últimos y modestos incrementos los hizo el presidente Rafael Caldera. Considera que 200 bolívares el litro de gasolina sería un precio razonable para que Pdvsa no pierda. Según Arrieta, será necesario un subsidio al transporte a través de cupones o una red de gasolineras para que no suba el precio de los pasajes, después de 8 años sin movimientos de precios. Consideran aumento de 300 bolívares.

El presidente Chávez ordenó el aumento de la gasolina después de considerar una "grosería" el precio que cobran a los conductores desde hace 8 años. Como le pidió a su equipo un estudio para determinar a cuánto deben vender cada litro de combustible, los analistas —que ya hicieron los cálculos— le sugieren venderla por encima de los 300 bolívares el litro para que Pdvsa no pierda dinero. En las estaciones de servicio cobran 87 bolívares por cada litro de gasolina que venden. Pero Alejandro Grisanti, director de la firma Ecoanalítica, asegura que Pdvsa con ese precio no logra cubrir ni siquiera 30% de los costos de producir y distribuir el combustible. Al vender cada litro en el país, Pdvsa pierde 233 bolívares. Como en 365 días vende 13.200 millones de litros, ese subsidio que impuso el Gobierno le impide a la industria petrolera recibir cerca de 3 billones de bolívares que ya invirtió para producir y comercializarla. "Pdvsa necesita aumentar el precio del litro de gasolina a 320 bolívares para, al menos, cubrir sus costos de producción", afirma Grisanti. Eso significa un aumento de 268%. ¿Cómo llegó Pdvsa a perder tanto dinero? Grisanti considera que el precio de la gasolina es "grosero", debido a una "mala gestión económica del Gobierno". Recuerda que el precio de la gasolina es ahora irrisorio, luego que la inflación acumulada de estos últimos 8 años varió 308% y el bolívar se devaluó 280%. Ramón Espinaza, analista petrolero, también piensa que Pdvsa vende a pérdida. "Producir cada barril y ponerlo en la estación de servicio le cuesta 21 dólares, pero cada barril se vende a 6 dólares". Si deciden que Pdvsa cubra al menos sus gastos, el precio de la gasolina debe estar por encima de los 280 bolívares por litro, según calcula Espinaza. Advierte que el aumento

*puede ser aún mayor. "Chávez no advirtió si conti-
nuará exigiendo a Pdvsa el impuesto a la gasolina, que
es equivalente a la mitad de los ingresos que recibe la
industria por la venta de combustible en el país". Si el
Gobierno no está dispuesto a ese sacrificio fiscal, Pdvsa
deberá vender cada litro en 600 bolívares para no
perder dinero. El precio aumentará entonces 9 veces.
Los economistas consideran que al cubrir sus costos las
empresas ganan de alguna forma. Sin embargo, Pdvsa,
después del incremento, todavía no venderá la gasolina al precio del mercado internacional y pierde lo
que definen como "costo de oportunidad". Pdvsa puede
vender cada litro de gasolina fuera del país a 860 bolívares por litro. Eso quiere decir, según calcula Ecoanalítica, que Pdvsa deja de recibir 770 bolívares por cada
litro que vende en este momento, que al año alcanza
10,1 billones de bolívares.*

Fin del artículo.

Noticias24.com actualidad económica 13 / Feb / 2011 2:16 pm

EL COSTO DEL COMBUSTIBLE: VENEZUELA PIERDE US$ 1.500 MILLONES AL AÑO POR SUBSIDIO A LA GASOLINA

El Gobierno Bolivariano **subsidia el precio de la gasolina en más de 90%,** *recordó este domingo el presidente de la República Bolivariana de Venezuela, Hugo Chávez.*

Explicó que **dicho auxilio económico se hace con el fin de luchar contra la inflación, para proteger al pueblo de la especulación.**

Reiteró que la gasolina de Venezuela es la más barata del mundo, por lo que instó al pueblo a tener conciencia de ello.

Debemos tener claro hacia dónde vamos. Nuestro objetivo es la disminución del consumo de gasolina para sustituirlo por el Gas Natural Vehicular (GNV), *dijo durante el programa dominical Aló, Presidente número 370, realizado en la Ciudad Socialista Caribia en el estado Vargas.*

Venezuela pierde 1.500 millones de dólares al año por subsidio a la gasolina

La estatal **PDVSA pierde alrededor de 1.500 millones de dólares al año por un subsidio a la gasolina** *que convierte al combustible venezolano en el más barato del mundo, dijo el domingo el presidente de la petrolera, Rafael Ramírez.*

Petróleos de Venezuela (PDVSA) elevó un 27 por ciento sus ingresos entre enero y septiembre de 2010 en medio del alza que observaron los precios del crudo, pero las ventas en el mercado doméstico se redujeron a 965 millones de dólares, representando menos del 1,5 por ciento del total. **"En comparación con el costo de producción, (el subsidio) es más de 1.500 millones de dólares"***, respondió el ministro de Energía y Petróleo, Rafael Ramírez, al ser consultado por el presidente Hugo Chávez durante su programa dominical de televisión, transmitido desde el estado Vargas.*

En Venezuela es posible llenar el tanque de un vehículo por menos de un dólar, pues el litro de gasolina tiene un precio de entre 3 y 4 centavos de dólar, después de 12 años de congelación de las cotizaciones.

"Tenemos que empezar a disminuir el consumo de gasolina. La gasolina venezolana es la más barata del mundo (…) El Gobierno está subsidiando más del 90 por ciento de lo que realmente cuesta esa gasolina", dijo Chávez.

El país sudamericano lleva años tratando de implementar un plan para sustituir el creciente consumo de gasolina por gas natural vehicular, pero los resultados son muy limitados hasta ahora.

Tras la crisis energética que sacudió al miembro de la OPEP entre 2009 y 2010, obligando al racionamiento del servicio de luz, PDVSA ha estado dedicando un mayor volumen de combustibles para generar electricidad, lo que incrementa las pérdidas de la estatal en el mercado doméstico. **Ramírez dijo este mes a periodistas que Venezuela intentará este año reducir en al menos 100.00 barriles diarios (alrededor del 17 por ciento) su consumo interno de combustibles,** *a fin de revertir la declinación que acumulan las exportaciones de productos derivados.*

Con información de AVN y Reuters -

Fin del artículo.

SOBRE EL INCÓMODO SUBSIDIO A LA GASOLINA, POR ASDRÚBAL OLIVEROS

Por Asdrúbal Oliveros | 12 de septiembre, 2011

La gasolina no deja de ser uno de los temas de principal preocupación para la economía venezolana. Este argumento se refuerza después de las declaraciones del ministro Alí Rodríguez quien señaló que la "lógica reclama" un aumento en la gasolina y las tarifas eléctricas y admitió que el presidente Chávez no ha creído que sea "prudente". Hace algunos meses, Rafael Ramírez, presidente de Petróleos de Venezuela, dijo en la Asamblea Nacional (AN) que este subsidio está dirigido a ayudar a los estratos más bajos y a frenar los aumentos inflacionarios.

La situación se vuelve cada vez más crítica y los costos de ajuste cada vez mayores, dado que han pasado más de 13 años desde el último incremento de precios. A esto se le suma que Pdvsa se encuentra en una situación de gran necesidad de recursos para inversiones y mantener el sistema económico social establecido por el actual gobierno.

Veamos cuán importante es este subsidio para la economía venezolana.

Para calcular el monto del subsidio a la gasolina se debe comparar el precio de venta para el consumo interno con el costo de oportunidad de la gasolina, es decir, con el precio que percibiría de ser exportada o vendida al precio de los mercados internacionales, de manera de identificar cuánto es lo que Pdvsa deja de obtener por el beneficio. Este monto equivaldría al subsidio por litro vendido en el mercado interno, que luego debe ser multiplicado por el número total de litros vendidos, obteniéndose así el costo completo.

En la tabla que mostramos a continuación se puede evidenciar lo que representa el costo del subsidio gubernamental a la gasolina, en un contexto de declinación de la producción de acuerdo a cifras aportadas por las fuentes secundarias de la OPEP.

Si observamos el cuadro, podemos constatar que el monto del subsidio por litro sufrió un descenso importante en 2009 si lo comparamos con 2008. Sin embargo, no es más que la caída que sufrieron los precios del petróleo a raíz de la crisis internacional, tendencia que se ha venido revirtiendo y que, en el escenario de precios previsto para 2011 por Ecoanalítica, nos llevaría a un subsidio de VEB 2,6 por litro vendido.

El incremento del monto del subsidio se debe a tres razones. La primera tiene que ver con el hecho de que en los últimos dos años el Gobierno ha realizado dos devaluaciones de la moneda. Segundo, el consumo interno ha seguido creciendo, aunque a una tasa menor que en años anteriores. Y por último, los precios del petróleo han aumentado progresivamente.

SUBSIDIO A LA GASOLINA									
	2003	2004	2005	2006	2007	2008	2009	2010E	2011*
Precio de exportación (US$/barril)	26.5	37.9	50.2	64.0	74.7	91.9	57.0	72.7	98.9
Contenido de cada barril (159 Litros)									
Tipo de cambio promedio (VEF/US$)	1.61	1.88	2.11	2.15	2.15	2.15	2.15	3.26	4.30
Precio de exportación (VEF/Lt)	0.27	0.45	0.67	0.87	1.01	1.24	0.77	1.49	2.67
Exportaciones gasolina (MMM de Litros)	6.27	5.99	5.06	5.51	4.64	4.00	2.79	2.67	2.50
Consumo interno de gasolina (MMM de litros)	12.16	13.46	14.07	14.91	15.90	16.42	16.83	17.02	17.15
Precio de venta interno (Precio promedio VEF)	0.08	0.08	0.08	0.08	0.09	0.09	0.09	0.10	0.10
Monto del subsidio por litro (VEF)	0.19	0.37	0.59	0.78	0.92	1.16	0.68	1.39	2.58
Subsidio total (MM VEF)	2,278	4,944	8,272	11,647	14,681	18,972	11,478	23,738	44,207
Subsidio total (MM US$)	1,414	2,626	3,915	5,417	6,828	8,824	5,339	7,275	10,281
PIB	83,400	110,000	132,900	184,251	227,753	313,361	325,678	233,218	214,392
Subsidio total (%PIB)	1.7%	2.4%	2.9%	2.8%	3.0%	2.8%	1.6%	3.1%	4.8%

Fuentes: BCV, PDVSA, MENPET y Ecoanalítica

*Proyección

El detalle está en que este cálculo no es el mismo que realiza el Gobierno. Según el presidente de Pdvsa, Rafael Ramírez, el subsidio debe calcularse sobre la base del costo de la producción del barril de petróleo, que está alrededor de los 7 US$/bl, y no debe incluirse el costo de oportunidad del beneficio. Además, este costo no ha variado mucho en el tiempo según lo señaló Ramírez en su intervención a comienzos de año en la Asamblea Nacional. Utilizando el criterio del ministro Ramírez y asumiendo 7 US$/bl como costo cierto, tendríamos que para 2011, el valor de un litro de gasolina en el mercado interno sería de VEB 0,19, lo que implicaría un subsidio de VEB 1.540 millones (US$ 358 millones). Además, como hoy, el precio de la gasolina es VEB 0,10 por litro, llevarla a su "valor costo" según Ramírez implicaría un incremento de 90%.

De continuar con un escenario como el que hemos señalado, estaríamos en presencia de un subsidio de US$10.281 millones durante 2011, lo que se traduce en un incremento de 41,3% en relación con el estimado de 2010. Este registro sería superior al del año 2008 de US$8.824 millones, aunque con una diferencia de precios de 7,6%, lo que resalta la importancia del incremento en el consumo interno. La cantidad de dinero que Pdvsa recibiría si eliminara el subsidio podría mejorar considerablemente la situación actual de la empresa, ahora que la producción está en detrimento.

Midiendo el subsidio en términos del tamaño de la economía, el subsidio pasó de representar 1,7 puntos del PIB en 2003 a 4,8 puntos en 2011. Es necesario aclarar que esta cifra, con respecto al tamaño de la economía, no es aún mayor por la importante apreciación real de nuestra moneda, lo que hace que se "infle" el valor medido en dólares de nuestro PIB", lo que demuestra que a medida que el Gobierno se vea en la necesidad de habilitar Pdvsa para vender divisas a un tipo de cambio mayor o devalúe la moneda, sin ajustar el precio de la gasolina, el costo para la economía y para Pdvsa será cada vez mayor.

Ahora que el Ejecutivo ha tomado como bandera el tema de la vivienda, vale la pena preguntarse cuánto es lo presupuestado por el Gobierno en esta materia. La respuesta sería US$402,3 millones según la Ley de Presupuesto 2011, lo que equivale a una diferencia frente al subsidio de la gasolina de US$9.879 millones, (¡el subsidio sería 25 veces más!). Pero no sólo eso, si hacemos la misma comparación con Seguridad y Defensa, podemos ver un resultado menos dramático, pero no menos importante, donde el subsidio representa 2,8 veces lo que estaría presupuestado para el sector, mientras que sectores como Salud y Educación, que son bandera del socialismo del siglo XXI, estarían en 2,4 y 1,5 veces más, respectivamente. En total el subsidio representaría un 22,0% del presupuesto acordado para 2011, cuando en 2009 el registro fue de 11,4%.

Aunque estos indicadores nos muestren lo costoso que resulta el subsidio, consideramos que es importante dar el beneficio de la duda al discurso del ministro Ramírez, cuando dice que este subsidio estaría dirigido a ayudar a los estratos bajos y no a los ricos. Sin embargo, cuando evaluamos el patrón de consumo de gasolina por cada uno de los habitantes de cada estrato social, a partir de la encuesta que elabora el Instituto Nacional de Estadística (INE) y el Banco Central de Venezuela (BCV), para el área metropolitana de Caracas, nuestros resultados nuevamente contradicen el discurso del Presidente de Pdvsa.

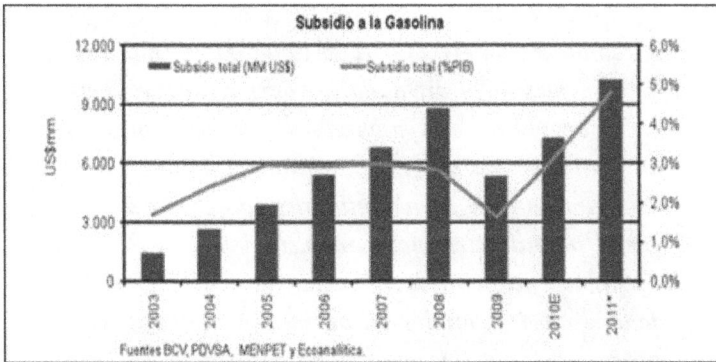

Subsidio a la Gasolina

Fuentes BCV, PDVSA, MENPET y Ecoanalítica

A medida que subimos de estrato social, tomando en cuenta que el primero es el que percibe ingresos menores y el cuarto es el percibe ingresos mayores y cada uno tiene la misma cantidad de personas (25,0% de la población en cada uno), tenemos que el consumo del estrato IV es 9,4 veces mayor al consumo del estrato I. Además, si realizamos un cálculo por familia tenemos que el Estado estaría regalando VEB 11.050 por concepto de subsidio a la gasolina a las personas de mayor ingreso durante el presente año, cuando el estrato I recibiría sólo VEB 1.773. Esto definitivamente no va en consonancia con lo que profesa el socialismo del siglo XXI.

No nos cabe la menor duda de que cada sociedad tiene el derecho de decidir dónde gastar sus recursos. Al realizar estos cálculos lo que queremos es llamar a la reflexión en cuanto a la magnitud que representa el subsidio a la gasolina y el sector beneficiario.

Tras este resultado nos gustaría terminar diciendo que es evidente la relevancia que tiene el tema de la gasolina y definitivamente necesita revisarse la política tras más de trece años de precios fijos, que ni siquiera cumplen con lo que sería la razón de ser de la decisión;

51

sin embargo, también es cierto que se deben hacer algunas consideraciones a la hora de tomar las medidas.

En primer lugar, dado el fuerte rezago, el incremento del precio de la gasolina debe ser por tramos y en un plan que abarque como mínimo cinco años. Para tener una idea de la magnitud del ajuste, si se deseara que el subsidio terminara completamente, en 2011 el Gobierno tendría que incrementar el precio en 2.480%, dado el nivel de precios del petróleo que se espera para este año. Es decir, si la gasolina es llevada a precios internacionales (implica pasar de pagar VEB 0,10 a VEB 2,67 por cada litro) tendría que incrementarse en ese porcentaje. Por el contrario, si se decide llevarla a su precio costo según el Ejecutivo (pasar de pagar VEB 0,10 a VEB 0,19 por cada litro) el incremento es de 90%.

En segundo lugar, en la medida en que el precio se vaya adecuando a la realidad, el Gobierno debe diseñar mecanismos de compensación para que los sectores más vulnerables y el transporte no sufran un impacto significativo con consecuencias inflacionarias. Finalmente, es necesario que el Gobierno acompañe la medida con un discurso que cree conciencia sobre el valor que tiene el recurso para la economía venezolana y los daños en el medio ambiente.

Por último, y para el debate, cabe hacerse la pregunta: ¿por qué si somos un país petrolero la gasolina debe llevarse a su valor internacional? ¿No debería cubrirse sólo los costos? Lo cual abre una gama de alternativas de incrementos entre 90% y 2480%, con diferentes implicaciones para los hacedores de políticas públicas y por supuesto, los ciudadanos. Este debate apenas comienza.

Fin del artículo.

El tema es de máximo interés en la medida que el costo del subsidio crece, las dificultades operativas de PDVSA se agudizan y las limitaciones políticas no permiten acciones de ajuste en los precios. La gráfica mostrada en la Fig. 7 muestra la magnitud de los costos de los subsidios de los hidrocarburos líquidos que se venden en Venezuela. En ésta se muestra el costo anual del subsidio que, desde 1999 hasta el año 2011, se acarrea por la venta total de hidrocarburos líquidos en Venezuela, que además de los automotores, incluyen el GLP, el diesel para uso industrial y generación eléctrica, así como otros combustibles y productos; adicionalmente se muestra, de forma separada, el costo de oportunidad que significa el subsidio de los combustibles para uso automotor (gasolina y diesel).

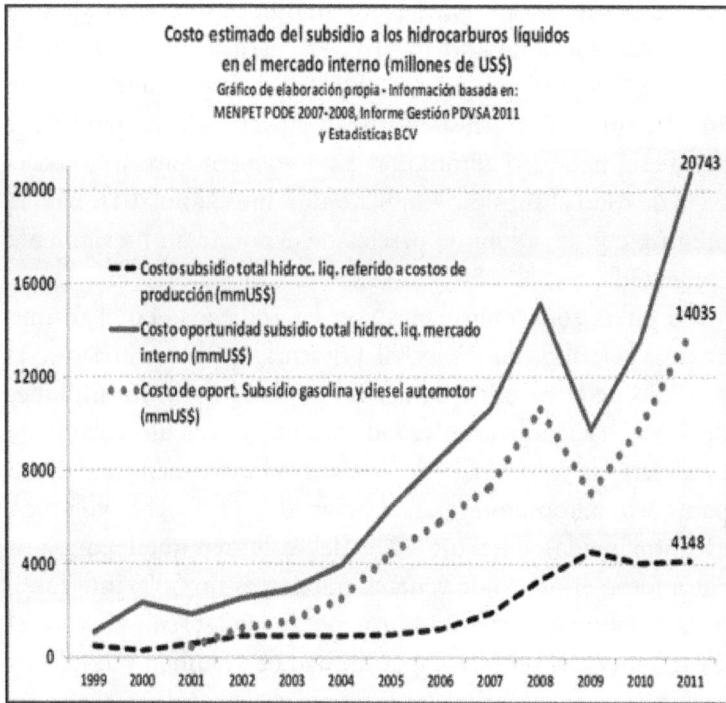

Fig. 7 – Costo de subsidios a los hidrocarburos líquidos en Venezuela (millones US$/año)

Es de resaltar que el costo de oportunidad del subsidio implícito de los combustibles automotores fue calculado a partir de un valor de cesta que reporta MENPET y PDVSA para todos los hidrocarburos que se exportan desde Venezuela. Esto es importante indicarlo ya que no se compara en sí con el valor alternativo de exportación de los combustibles refinados específicos, el cual, si se determina por barril, los mismos pudieran tener un valor promedio de exportación, o costo de importación, de un 50% hasta un 100% superior al de la referida cesta, razón por la cual, se puede considerar que estas cifras son, en buena medida, bastante conservadoras.

El costo de oportunidad o la magnitud del subsidio respecto a la opción de negocio que sería la exportación, llega en 2011, para todos los combustibles líquidos que se venden en el mercado interno (no incluye gas natural o gas metano), a más de 20 mil millones de US$, y de ese monto, más de 14 mil millones corresponden al subsidio de la gasolina y del diesel para uso automotor. Este segmento arrastra casi el 68% de todo el subsidio implícito durante el año 2011, bajo la premisa conservadora de precios de exportación previamente comentada.

Las cifras son congruentes con las indicadas en el último análisis referido, de Asdrúbal Oliveros, quien estima que el subsidio de la gasolina para 2011 supera los 10 mil millones de US$, haciendo la salvedad que en su cálculo solamente considera la gasolina, sin incluir el volúmen de diesel para uso automotor, que a pesar de que dicho volumen es aproximadamente un 20% del volumen total para uso automotor, el precio de venta al público es un 50% inferior al de la gasolina (0,01 US$ / Litro), por lo cual, el subsidio que el diesel automotor arrastra, por unidad de volumen vendido en las estaciones de servicio, es mayor al de la gasolina.

Se pueden visualizar cifras de proporciones similares cuando el análisis pasa a referirse al subsidio respecto a los costos. El costo de este subsidio supera los 4 mil millones de US$ anuales desde 2009. Esto significa que PDVSA debe acarrear con más de 4 millardos de US$ anuales en su costo por este concepto, el cual si es un costo real, tangible, que afecta directamente el flujo de caja de la empresa, y por lo tanto, sus resultados financieros y sus aportes al fisco, de manera significativa.

No es nada difícil extrapolar esta situación para 2012 y 2013 si no se toman medidas en cuanto a precios, ya que los volúmenes de demanda siguen aumentando, los costos reales también, y muy probablemente se deban añadir los costos de substanciales compras de combustibles en el exterior.

Por lo tanto, el costo del subsidio podría crecer significativamente a muy corto plazo, haciendo que la viabilidad de la empresa para mantener la producción, la infraestructura de almacenamiento y transporte, y la infraestructura de estaciones de servicio, se haga cada vez más precaria y las fallas operativas empiecen a causar los mismos efectos de desabastecimiento que hoy se observan en el servicio eléctrico a nivel nacional.

El subsidio implícito de los combustibles para uso automotor guarda proporciones de magnitud equivalente respecto a cifras presupuestarias gubernamentales para diferentes aspectos de primer orden como salud, educación e infraestructura.

En el trabajo de Nelson Hernández previamente citado, *"El Precio de las Energías en Venezuela"*, de mayo 2012, se compara el subsidio implícito de los combustibles con los montos de diferentes partidas presupuestarias nacionales, resaltando que según la Ley de Presupuesto Nacional de 2012, los montos asignados al Ministerio de Educación, de 5400 millones de US$, y al Ministerio de Salud, de 2490 millones de US$, en su sumatoria apenas representan un 56% del monto del subsidio implícito de los combustibles para uso automotor, y solamente un 38% del subsidio implícito total de los combutibles líquidos, referidos a la cesta de exportación para el año 2011 (Fig. 7).

2.4 REFERENCIAS MACROECONÓMICAS

Observando las magnitudes económicas, es necesario efectuar estas comparaciones respecto al indicador macroeconómico básico que es el Producto Interno Bruto del país (PIB). Los subsidios a los combustibles, si bien tienen sus justificaciones teóricas, políticas y económicas en un país como Venezuela, su magnitud viene desbordando límites y pasan a ser indicadores de referencia para evaluar fenómenos y grados de distorsión en la economía.

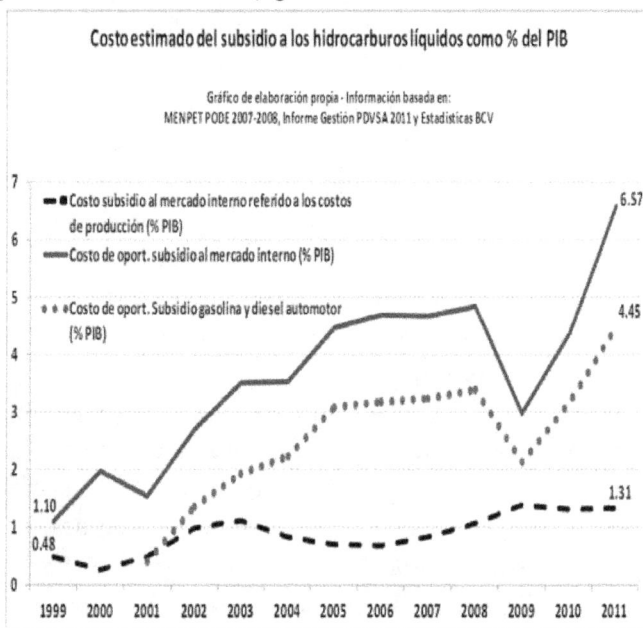

Costo estimado del subsidio a los hidrocarburos líquidos como % del PIB

Gráfico de elaboración propia - Información basada en:
MENPET PODE 2007-2008, Informe Gestión PDVSA 2011 y Estadísticas BCV

Fig. 8 – Costo de los subsidios a los hidrocarburos líquidos en Venezuela (% del PIB)

De acuerdo a los datos mostrados en la gráfica de la Fig. 8, para el año 1999 el subsidio implícito, referido al costo de oportunidad de exportación, fue equivalente al 1,1% del PIB, cifra que si bien es considerable en toda economía, se puede interpretar como un recurso de magnitud razonable para trasladar renta a la población y lograr estímulos a la economía traducibles en potenciales beneficios como atracción de inversiones productivas, generación de empleo e ingresos fiscales.

El crecimiento de la economía venezolana, considerando su nivel de desarrollo, grado de diversificación, calidad y cobertura de la infraestructura y de los servicios existentes, y crecimiento poblacional, según diversos analistas, debería mantenerse en términos reales entre un 5% y un 7% interanual. Este indicador, medido como la variación interanual real del PIB, permite colocar en perspectiva lo que significa el costo de un subsidio como éste.

La economía venezolana no ha crecido a este ritmo durante los últimos años, por el contrario, registró decrecimiento durante 2009 y 2010. Hoy en día el negocio petrolero representa mas del 90% del ingreso de divisas al país, lo cual, junto con la inexistencia de un fondo de ahorro o de estabilización macroeconómica realmente efectivo, hace que la economía venezolana sea extremadamente dependiente de las variaciones de los precios petroleros. Las exportaciones de bienes y servicios no petroleros han disminuido en términos reales, debido a lo poco competitivo que se ha hecho el país con una moneda artificialmente sobrevaluada, y debido al paulatino decrecimiento de la actividad privada.

Para visualizar el impacto de los subsidios implícitos de los combustibles es útil referirse al crecimiento real de la economía venezolana en un horizonte representativo. Para ello, considerando la data estadística del BCV, relativa a la variación real del PIB desde 1998, se puede determinar cómo ha sido el crecimiento real anualizado de la economía venezolana desde 1998 hasta 2011, un horizonte de 14 años, que en términos económicos marca la tendencia en forma satisfactoriamente representativa.

Juan L. Martínez Bilbao

En la Fig. 9 se muestra la variación porcentual interanual del PIB de Venezuela y del precio de la cesta de exportación de hidrocarburos, desde 1998 hasta 2011:

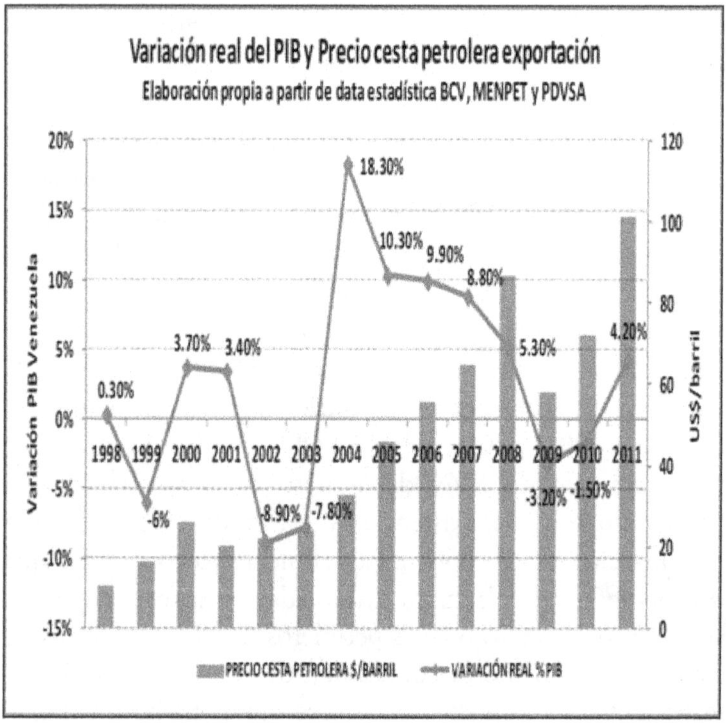

Variación real del PIB y Precio cesta petrolera exportación
Elaboración propia a partir de data estadística BCV, MENPET y PDVSA

Fig. 9 – Variación del PIB y precios cesta petrolera de exportación

En dicha gráfica se comprueba la extrema volatilidad del crecimiento de la economía, su alta correlación con la variación de los precios petroleros, los efectos de la crisis política interna de 2002-2003 (Paro Cívico Nacional), su corrección con el rebote de 2004, cuando el PIB creció 18,3%, y cómo a partir de 2005 el crecimiento del PIB, a pesar de registrar magnitudes muy positivas entre 2005 y 2007 (entre 8 y 10% anual), en 2008, con el mayor precio de realización de la cesta venezolana hasta el momento (más de US$ 86 por barril), el PIB apenas supera el 5% de crecimiento real. Entre 2009 y 2010, aun con precios de realización de US$ 58 y 72 por barril respectivamente, el PIB decrece. Finalmente, alcanza apenas un 4,2% positivo en 2011, con el mayor precio de exportación petrolera de la historia de Venezuela, de más de US$ 101 por barril.

Para entender un poco mejor lo que significa la magnitud de los subsidios en relación al PIB, es conveniente traducir ese comportamiento en términos de lo que realmente ha venido creciendo la economía venezolana durante los últimos 14 años. Para ello, se determinó cómo ha venido comportándose la variación anual acumulada del PIB respecto al año base de 1997.

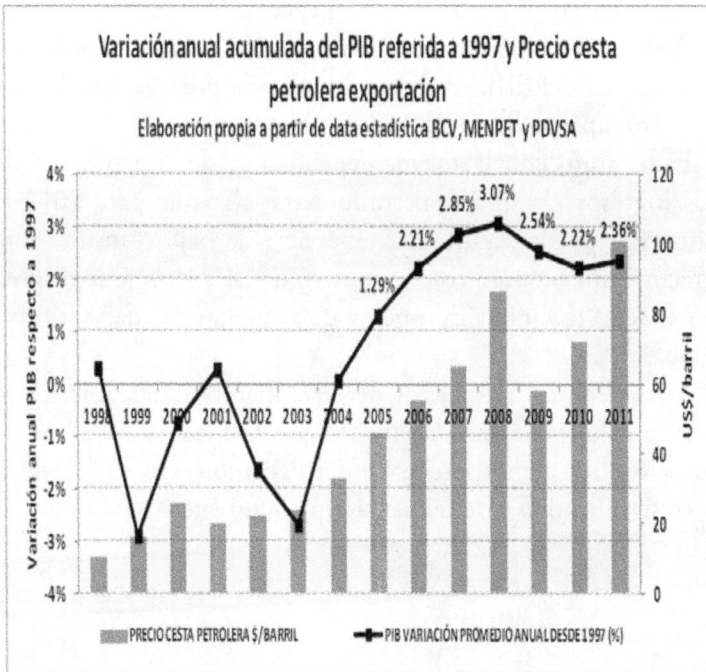

Fig. 10 – Variación acumulada del PIB respecto a 1997 y cesta petrolera de exportación

En la Fig. 10 se muestra el comportamiento de la variación anual acumulada del PIB referida a 1997, junto con los precios de la cesta petrolera de exportación.

Observando el comportamiento acumulado de dicha variación, se puede apreciar como en 2004 la variación anualizada del PIB es prácticamente cero respecto a 1997, lo que significa que el PIB de ese año, después del rebote post-crisis 2002-2003, fue prácticamente igual al de 1997 en términos reales. A partir de 2004 se dan variaciones positivas del PIB en forma sostenida hasta el año 2008, cuando se logra acumular un crecimiento real anual superior al 3% desde el año 1997.

No obstante, la caída de los precios petroleros de 2009 ocasionan crecimientos reales negativos del PIB en 2009 y 2010, causando que al cierre de 2011, la variación real acumulada del PIB, en forma anualizada durante los últimos 14 años, apenas llegue al 2,36%.

Esto, junto con la mayor dependencia de la economía de los ingresos petroleros, permite extrapolar que para 2012 la situación pueda seguir una tendencia de bajo o insuficiente crecimiento económico con motivo de la crisis que se origina en el seno la Unión Europea y que pueda extenderse a nivel global.

Considerando este factor de crecimiento anual, inferior al 3%, puede apreciarse claramente que el impacto del costo de los subsidios como porcentaje del PIB mostrado en la Fig 8, luce significativo y de tendencias preocupantes.

Capítulo 3

Efectos del esquema de subsidios y análisis de distribución de renta

La orientación de todo esquema de subsidios debe apuntar a lograr el objetivo de proveer el soporte, ayuda o beneficio económico al sector que se quiere estimular o mejorar su situación a corto y mediano plazo.

La finalidad, por lo general, es dar el soporte a sectores sociales con mayores necesidades económicas de forma que el subsidio les permita de algún modo reducir las brechas de oportunidad y que los individuos menos favorecidos puedan desarrollar su mayor potencial productivo y mejorar su calidad de vida. En fin, es un medio del Estado para proveer equilibrio y mayor equidad social, y que a la larga se debe traducir en crecimiento y prosperidad.

El subsidio implícito a los combustibles tiene ese objetivo principal, y un objetivo complementario, que es proveer a la sociedad de una parte de la renta petrolera en forma expedita, pagando menos por el combustible que se consume. De este modo, es sencillo extrapolar otros objetivos de este esquema de subsidios y que van mas allá de proveer ayuda a los consumidores, entre los cuales se deduce que uno de ellos, muy importante, es estimular la actividad productiva abaratando los costos de transporte y los costos de la energía en general.

Sin embargo, ese esquema de subsidio puede generar distorsiones económicas de tal magnitud que anulen sus efectos positivos, y ese parece ser el caso venezolano. Entre los efectos negativos de mantener precios extremadamente bajos, se pueden mencionar: el incentivo cada vez mayor al contrabando de extracción, el incentivo al consumo irracional de combustible, el desestímulo a la utilización de combustibles alternativos y al uso de otras fuentes de energía y de transporte, y el desestímulo a la industria privada y del Estado en invertir en nueva infraestructura de suministro, transporte y distribución de combustibles.

De lo anterior se derivan graves consecuencias, como lo son: las restricciones de suministro o racionamientos, los costos de implantar mecanismos de vigilancia y control, el estímulo al aumento desmedido del parque automotor particular con la alta concentración de renta que ello deriva en sectores muy específicos de la economía, el aumento significativo de emisiones contaminantes, la desinversion en la diversificacion y calidad de los servicios de transporte público, y el colapso de la infraestructura vial de país. Estos efectos negativos y sus consecuencias son parte de la realidad y aumentan su dimensión progresivamente.

3.1 Contrabando de extracción

Miles de kilómetros de las extensiones fronterizas de Venezuela se caracterizan por encontrarse prácticamente despoblados y por ser de difícil acceso, razón por la cual la vigilancia se hace costosa e ineficiente.

El diferencial de precios de los combustibles automotores, ya comentado, llega a 60 veces en el caso comparativo con Colombia y hasta 70 veces en relación a Brasil. Pero también existen diferenciales parecidos en relación a otros países como

Guyana, Trinidad y Tobago, Aruba y Curazao, donde los combustibles tampoco gozan de este tipo de subsidios.

Se puede considerar que Venezuela es una abundante fuente de gasolina barata y está rodeada de consumidores que deben pagar por el combustible, al otro lado de la frontera, hasta 80 veces lo que paga un consumidor en Venezuela.

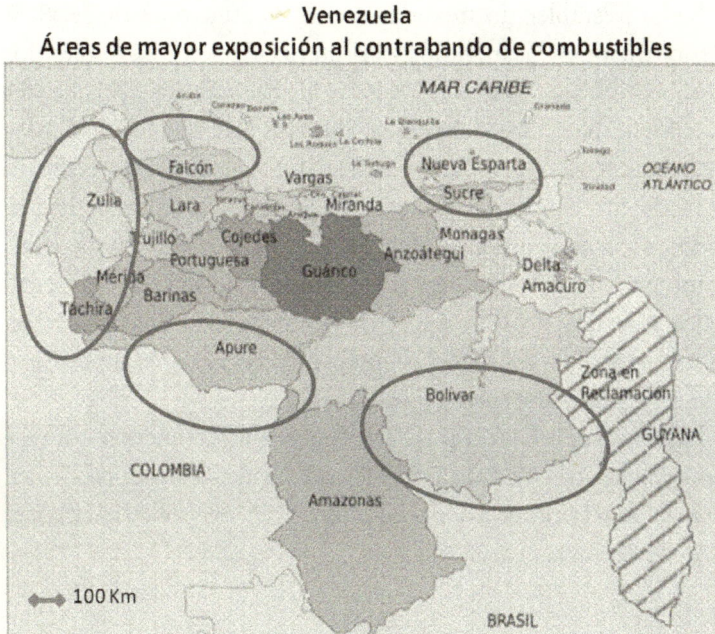

Venezuela
Áreas de mayor exposición al contrabando de combustibles

Fig. 11 – Amplias extensiones fronterizas favorecen el contrabando de combustibles

El incentivo al contrabando es inevitable. El margen para el potencial enriquecimiento ilícito es enorme; el contrabando tiene demanda en progresivo aumento en cada país ya que los consumidores pueden acceder a combustible venezolano, al final de la cadena, a precios menores que los que pagan en los expendios legales.

Por otro lado, aunque el incentivo es enorme, el Estado ha hecho esfuerzos para reducir el contrabando de extracción.

Todo esto ha generado mucha incertidumbre en cuanto a las cifras reales de contrabando de combustible y también ha causado muchos inconvenientes en el suministro, en especial el combustible automotor, a los consumidores de Venezuela que habitan los estados fronterizos.

Se han establecido medidas como las estaciones de servicio denominadas "Expendios Fronterizos", en las que los combustibles se venden a precios que procuran ser equivalentes o comparables a los del país vecino, a fin de que los vehículos con placas del otro país puedan ser servidos en territorio venezolano. Sin embargo, esto no ha dado resultado debido a los excesivos diferenciales de precios, razón por la cual, también se han instrumentado mecanismos de racionamiento a los usuarios locales, que han generado insuficiencia en el suministro y la aparición de mecanismos alternos de evasión que generan otros costos para su control.

Las mejores referencias de este fenómeno, se pueden obtener de diversos trabajos de investigación y de la divulgación en prensa de testimonios y declaraciones, no solo de particulares, sino de representantes oficiales.

http://www.agenciadenoticias.luz.edu.ve/index.php?option=com_
content&task=view&id=3167&Itemid=154

VENEZUELA PIERDE 77 MIL BARRILES DE GASOLINA DIARIOS POR CONTRABANDO

20-04-2012 a las 11:27:35

Harrys Rondón

La instalación de chips para controlar la venta de gasolina ha sufrido fallas tras descubrirse dispositivos falsos. En Venezuela, un litro de gasolina cuesta 0,02 dólares, el precio más barato del mundo gracias al subsidio estatal. Un habitante de la frontera puede comprar 50 litros de gasolina por un dólar en San Antonio del Táchira, Maracaibo o la Guajira venezolana en el Zulia, y luego vender su carga del lado colombiano, por unos 40 dólares.

Según cifras aportadas por el propio Gobierno, Venezuela pierde cerca de 1.500 millones de dólares anuales con el subsidio de combustibles. Para tratar de erradicar el comercio de combustible se implementó en Táchira -y ahora en Zulia- un sistema automatizado de venta de gasolina, a través de la colocación de un chip en los vehículos para saber el número de veces que llenan sus tanques. El mecanismo ha sufrido enormes fallas, tras descubrirse en el mercado de chips falsos que se vendían por 20 dólares.

Cifras que se manejan entre los expendedores indican que cerca de 77.000 barriles diarios (aproximadamente 12,2 millones de litros) salen fuera del país, vía terrestre y marítima, y que el combustible se comercializa no sólo en Colombia, sino también en Brasil, Guyana, Aruba, Curazao, Granada y Trinidad y Tobago.

Ley de Fronteras

Para el Comisionado de Fronteras del gobierno regional, Joel Salas, es necesario que se discuta y apruebe el Proyecto de Ley Orgánica de Fronteras que ya va para 10 años de abandono legislativo.

Según nota de prensa publicada en el portal de la Asamblea Nacional, este instrumento jurídico fue aprobado en primera discusión el 3 de agosto de 2004, y en el año 2005 fue sometido a la correspondiente consulta pública, trabajo que permitió su presentación ante el plenario para su segunda discusión.

De los 58 artículos que tiene el proyecto, 30 fueron aprobados y cuatro fueron diferidos, de forma tal que corresponderá a la Comisión de Defensa establecer la dinámica para retomar la discusión, con la finalidad de aprobar de forma definitiva esta normativa.

De 2004 para acá no ha habido más información oficial sobre la ley, más allá de una propuesta que hizo el Alcalde Mayor Antonio Ledezma -cuando era precandidato de la MUD- que consistía en aprobarla definitivamente para mejorar de manera integral la frontera colombo-venezolana.

Fin del artículo

MÁS DE 500 EXPENDIOS DE GASOLINA MANEJAN CONTRABANDISTAS EN CÚCUTA

Autor - lapatilla.com el 20 mayo, 2012

Según el comisionado de fronteras del gobierno regional Néstor Solano, "el sistema para el control de combustible para los estados fronterizos fue un fracaso en el estado Táchira, debido a que hay más de 500 expendios ilegales de gasolina y gasoil en Cúcuta y cada vez proliferan, así que la automatización no ha sido más que una farsa, ya que los uniformados continúan enriqueciéndose contrabandeando a su antojo y en gandolas".

Sostuvo Solano que, en la Parada, Villa del Rosario, Pamplona y Cúcuta "se han multiplicado las ventas de gasolina y gasoil, se observan cada cincuenta metros de distancia y quienes la pasan en cantidad son los grandes camiones, gandolas, vehículos rústicos de lujo, cavas y todos los privilegiados del gobierno nacional a quienes les asignan un chip con mayor cantidad de litros de gasolina para sus negocios fraudulentos".

Aseguró Solano que, "mientras las autoridades del Ministerio de Energía y Petróleo le mienten al pueblo diciendo que con la automatización y el chip ha disminuido el contrabando, en realidad se ha disparado la fuga de los hidrocarburos. En Táchira existen 112 estaciones de servicio; cinco veces mayor es el número de expendios en el Norte de Santander, hecho que pudimos corroborar con fotos tomadas recientemente".

—Nortesantandereanos y tachirenses somos víctimas de políticas desacertadas, tanto del gobierno nacional como de los alcaldes de los municipios Bolívar y Ureña, quienes se unieron para aplicar medidas que

restringen la venta de gasolina, el libre tránsito y el mejoramiento de la vialidad en la frontera, cuestiones que debilitan el comercio binacional y la integración en la zona de mayor intercambio y actividad de la comunidad andina y de toda América Latina".

Recordó que, Pdvsa y el Ministerio de Energía y Minas de Colombia firmaron convenios para surtir a nuestros hermanos de mayor cantidad de gasolina lo que reduciría el contrabando y evitaría las colas y el desabastecimiento; los pimpineros se organizarían en cooperativas con sitios apropiados de distribución, "pero todo resultó lo contrario, el chip o tag que se impuso en el Táchira "fue un fracaso, el día de parada en la frontera también, los acuerdos no se respetaron, las vías están destruidas y el gobierno de nuestro país mantiene a la frontera del Táchira deprimida y aislada".(LZ)

Fin del artículo

http://www.lapatilla.com/site/2012/03/26/zulianos- solo-podran-comprar-gasolina-dos-veces-a-la-semana/

ZULIANOS SÓLO PODRÁN COMPRAR GASOLINA DOS VECES A LA SEMANA

marzo 26, 2012 6:30

Autoridades del Ministerio de Petróleo y Minería y Petróleos de Venezuela (PDVSA) avanzan en el Zulia con el Plan de Automatización para el Suministro de Combustibles, programa de control en la venta de gasolina en las entidades fronterizas con Colombia.

Desde este viernes 16 de marzo en el Cuartel Libertador se instalan los chips etiquetas al primer gran número de conductores para registrar sus compras de gasolina: el sector transporte público, compuesto por unas 15 mil 200 unidades. En la jornada prevén instalar 500 chips diarios.

El contrabando de gasolina y gasoil, según cifras aportadas a principios de año por el General Izquierdo Torres, Comandante de la Primera División de Infantería del Zulia, ubican este tráfico en 70 millones de litros al mes. El jefe militar califica como "un desangre nacional" la cifra porque estos productos mantienen sus precios subsidiados por la República y sin aumento por 12 años.

Medida

Autoridades del Ministerio del Petróleo y Pdvsa aseguran que automatizar la venta es una buena medida para hacer frente al contrabando. Gladys Parada, directora general de mercado interno del Ministerio informa que la primera semana de abril se activará un segundo punto de instalación. En La Barraca se atenderán 300 unidades de transporte público. Al terminar Maracaibo "continuaremos con el resto de los municipios del Zulia", dijo Parada, quien advierte que la activación de la automatización comenzará en el oeste de Maracaibo por ser la zona más sensible al bachaqueo o contrabando de extracción.

"Este sistema permite que garanticemos el servicio y detectemos fallas en tiempo real. El sistema es blindado y sólo lo manejan los servidores de Pdvsa", indicó la gerente. En el inicio de este programa, Parada detalló que en las rutas de transporte público "permanentes" se asignarán cupos de consumo de combustibles que van desde 42 a 70 litros por día para carros por puesto.

Los vehículos de cargas dispondrán hasta de 130 litros diarios de combustibles, dependiendo de la ruta que hagan y que demuestren que la estén cumpliendo. "Los vehículos particulares tendrán una carga máxima de dos tanques completos semanales", dijo Parada, quien destacó que las asignaciones son "resultado de estadísticas y evaluaciones previas".

Rafael Ram

Fin del artículo

En los referidos artículos se comentan volúmenes de contrabando fronterizo de gasolina y diesel que llegan hasta 77 mil barriles diarios, mientras que voceros oficiales venezolanos lo estiman, para el estado Zulia, una de las porciones fronterizas, en 15 mil barriles diarios, sin incluir la actividad que se registra en el Estado Táchira. Se estima, con cifras conservadoras, que el volumen de contrabando de gasolina y diesel automotor podría llegar a cerca de 30 mil barriles diarios en esas dos localidades.

En resumen, considerando todos los puntos de posible salida ilegal, es razonable estimar que el contrabando de combustibles para uso automotor puede encontrarse entre 30 mil y 50 mil barriles diarios.

Como ejercicio sencillo, considerando el volumen más conservador de 30 mil barriles diarios, el costo de oportunidad que esto representó para el país fue de aproximadamente 1100 millones de US$ para 2011, calculado a precio de cesta de exportación. Si se considera que en 2011 Venezuela tuvo que importar gasolina y componentes para abastecer el mercado interno, a precios mayores que el promedio de su cesta de exportación, este costo debe aumentarse como mínimo un 50%. Se puede asegurar que Venezuela pierde, como mínimo, entre 1500 y 2000 millones de US$ anuales por contrabando de extracción de combustibles automotores.

Además de esta incuestionable pérdida económica, se tienen que considerar los cada vez mayores costos de los esfuerzos de vigilancia y control, así como los costos de los racionamientos a los que son sometidos los usuarios locales, los cuales generan una serie de efectos perniciosos en la calidad de vida y costos individuales a las personas afectadas, que no les son compensados.

3.2 Aspectos ambientales y salud pública

El aumento del consumo de combustibles, estimulado por sus bajos precios, está íntimamente ligado al hecho de que se haya casi triplicado la flota vehicular del país entre 1999 y 2012. Se calcula que el número de habitantes por cada vehículo en circulación pasará de más de 10 habitantes por vehículo en 1997 a unos 4 habitantes por cada vehículo para finales de 2012.

Un indicador clave para medir el nivel de contaminación atmosférica que se genera por la actividad humana es la emisión de CO_2 por habitante. Según el análisis de Julio César Centeno, de fecha 22-01-2011, publicado en http://www.ecoportal.net/Temas Especiales/Cambio Climatico/ El cambio climatico azota a Venezuela, denominado *"El cambio climático azota a Venezuela"*, la emisión de CO_2 por habitante en Venezuela, para 2007, llega a ser una de las más altas del planeta, con 12 toneladas métricas (TM), cifra solamente superada por Estados Unidos, con 20 TM/habitante.

El especialista aclara que la mitad de las emisiones a la fecha se deben a la deforestación intensiva, sin embargo, 6 TM/habitante en Venezuela se deben al consumo de combustibles fósiles, constituyéndose la emisión de CO_2 más alta para Latinoamérica.

Por otro lado, indica que las emisiones totales de CO_2 de Venezuela, entre 1980 y 2008, por uso de combustibles fósiles, pasan de menos de 100 millones de TM a cerca de 180 millones de TM (Fig. 12), un aumento de mas del 100%, y una tendencia de crecimiento significativo de seguirse bajo el mismo patrón y tendencias de consumo.

Juan L. Martínez Bilbao

Fig.12 – Venezuela: Emisiones CO2 por consumo de combustibles fósiles (http://www.ecoportal.net/Temas_Especiales/Cambio_Climatico/El_cambio_climatico_azota_a_Venezuela)

Si bien Venezuela, debido a su relativa baja población y desarrollo económico aun puede considerarse exenta de penalizaciones o cuestionamientos internacionales por este concepto, la tendencia puede llegar a situaciones críticas a corto o mediano plazo en función del crecimiento descontrolado del consumo de combustibles y potenciales cambios en la regulación internacional que la dinámica en este tema pueda acarrear.

Para el año 2008 se vendieron en Venezuela 287 mil barriles diarios de gasolina y 74 mil barriles diarios de diesel automotor. Las emisiones de CO_2 por cada tipo de combustible son aproximadamente las siguientes:

Por la combustión de cada litro de gasolina: 2,15 Kg de CO_2

Por la combustión de cada cada litro de diesel: 2,70 Kg de CO_2 Con estos datos se estima que, para 2008, las emisiones de CO_2 por consumo de combustible automotor se ubicaron en 47 millones de TM, y en 2011 en más de 51 millones de TM. De ello se deduce que entre el 25% y el 30% de las emisiones de CO_2 generadas por combustibles fósiles, son atribuíbles al transporte vehicular y el resto se corresponde con el uso de otros combustibles líquidos como diesel industrial, diesel para generación eléctrica, fueloil, GLP, gas metano, gas natural arrojado, y otros combustibles fósiles de menor utilización.

De acuerdo a información recopilada y análisis de Nelson Hernández, publicados en http://plumacandente.blogspot.com/2012/04/colas-arrojan-uso-ineficiente-de-21200.html, y en el diario El Universal, el 8 de abril de 2012, en Venezuela se consumen cerca de 21 mil barriles diarios de combustible automotor de forma improductiva debido a los atascos en carreteras y autopistas, en especial, en zonas de alta concentración de población.

Esto puede de igual modo traducirse en emisiones de CO_2, lo cual indica que anualmente se emiten 3 millones de TM de CO_2 en las colas vehiculares, es decir, el 6% del CO_2 que se emitió en 2011, por uso de combustibles automotores, fue producto de consumo improductivo de combustible.

Otra arista, ahora de salud pública, surge con el reciente pronunciamiento de la Organización Mundial de la Salud, que declara el uso del combustible diesel como fuente de riesgo de cáncer de pulmón:

http://www.nytimes.com/2012/06/13/health/diesel-fumes-cause-lung-cancer-who-says.html

W.H.O. Declares Diesel Fumes Cause Lung Cancer

By DONALD G. McNEIL Jr.

Published: June 12, 2012

Diesel fumes cause lung cancer, the World Health Organization declared Tuesday, and experts said they were more carcinogenic than secondhand cigarette smoke.

The W.H.O. decision, the first to elevate diesel to the "known carcinogen" level, may eventually affect some American workers who are heavily exposed to exhaust. It is particularly relevant to poor countries, where trucks, generators, and farm and factory machinery routinely belch clouds of sooty smoke and fill the air with sulfurous particulates.

The United States and other wealthy nations have less of a problem because they require modern diesel engines to burn much cleaner than they did even a decade ago. Most industries, like mining, already have limits on the amount of diesel fumes to which workers may be exposed.

The medical director of the American Cancer Society praised the ruling by the W.H.O.'s International Agency for Research on Cancer, saying his group "has for a long time had concerns about diesel."

The cancer society is likely to come to the same conclusion the next time its scientific committee meets, said the director, Dr. Otis W. Brawley.

"I don't think it's bad to have a diesel car," Dr. Brawley added. "I don't think it's good to breathe its exhaust. I'm not concerned about people who walk past a diesel vehicle, I'm a little concerned about people like toll collectors, and I'm very concerned about people like miners, who work where exhaust is concentrated."

Debra T. Silverman, a cancer researcher for the United States government who headed an influential study published in March that led to Tuesday's decision, said she was "totally in support" of the W.H.O. ruling and expected that the government would soon follow suit in declaring diesel exhaust a carcinogen.

Three separate federal agencies already classify diesel exhaust as a "likely carcinogen," a "potential occupational carcinogen" or "reasonably anticipated to be a human carcinogen."

Dr. Silverman, chief of environmental epidemiology for the National Cancer Institute, said her study of 50 years of exposure to diesel fumes by 12,000 miners showed that nonsmoking miners who were heavily exposed to diesel fumes for years had seven times the normal lung cancer risk of nonsmokers.

The W.H.O. decision was announced Tuesday in Lyon, France, after a weeklong scientific meeting. It also said diesel exhaust was a possible cause of bladder cancer. Diesel exhaust now shares the W.H.O.'s Group 1 carcinogen status with smoking, asbestos, ultraviolet radiation, alcohol and other elements that pose cancer risks.

Dr. Silverman said her research indicated that occupational diesel exposure was a far greater lung cancer risk than passive cigarette smoking, but a much smaller risk than smoking two packs a day. For years, the Environmental Protection Agency, the National Institute for Occupational Safety and Health, and the National Toxicology Program of the National Institutes of Health have rated diesel as a potential, not proven, carcinogen.

The Diesel Technology Forum, which represents car and truck companies and others that make diesel engines, reacted cautiously to the W.H.O. ruling, noting that modern diesel engines used in the United States and other wealthy countries burn low sulfur fuel, so new trucks and buses emit 98 percent less particulates than old ones did and 99 percent less nitrogen oxide, which adds to ozone buildup.

Allen Schaeffer, the forum's executive director, said the studies considered by the W.H.O. "gave more weight to studies of exposure from technology from the 1950s, when there was no regulation."

Ultra-low-sulfur fuel was introduced in 2000 and became mandatory in 2006, he said, and about a quarter of the American truck fleet was built after that mandate was passed. The government estimates that the entire truck fleet is replaced every 12 to 15 years, he added.

Many studies have suggested links between diesel and lung cancer, but Dr. Silverman said hers was the first to measure with precision how much diesel exhaust each group of mineworkers was exposed to. Her study clearly established that the more a miner was exposed to diesel, the greater his cancer risk, she said.

"Now we need to focus on managing exposures to diesel exhaust," Dr. Brawley said.

A version of this article appeared in print on June 13, 2012, on page A8 of the New York edition with the headline: W.H.O. Declares Diesel Fumes Cause Lung Cancer.

Fin del artículo

Este aspecto de salud pública se suma a los efectos contaminantes de los combustibles, y en este caso se tiene el agravante que los bajos precios y los escasos controles de emisiones por parte de las autoridades hacen del riesgo de salud un factor de primer orden, en especial en zonas de alta concentración de población, en donde los congestionamientos vehiculares convierten el medio urbano en zonas de alta y continua exposición para los usuarios del transporte público, peatones, conductores y habitantes del área.

3.3 INFRAESTRUCTURA DE SUMINISTRO Y DE DISTRIBUCIÓN DE COMBUSTIBLES

La infraestructura de suministro y de distribución de combustibles es la que permite abastecer el mercado interno desde las fuentes de producción hasta los puntos de expendio.

Incluye las facilidades de producción y despacho en refinerías, la infraestructura de transporte (transporte marítimo y poliductos), las plantas de distribución de combustibles, que son las que se encargan de recibir el combustible transportado desde las fuentes de producción para almacenarlo y despacharlo a los transportistas terrestres y fluviales, quienes a su vez los trasladan hasta los puntos de venta, comúnmente conocidos como estaciones de servicio y expendios de combustibles al público.

Para visualizar cómo ha evolucionado esta infraestructura, es necesario referirse a los elementos de mayor sensibilidad para el suministro de combustibles. Éstos son: las facilidades de producción en refinerías, la infraestructura de transporte por poliductos y plantas de distribución, y las estaciones de servicio o expendios al público.

En cuanto a las facilidades de producción, como ya se pudo ver en el apartado 1.3, *Balance Oferta-Demanda del mercado interno venezolano*, la capacidad de producción de gasolina y diesel en la **refinerías** venezolanas, contrariamente a registrar mejoras, ha disminuido desde 1999 en aproximadamente 72 MBD, siendo el balance de gasolina para 2011 deficitario en un promedio de 10 MBD, disminuyéndose la disponibilidad extra de diesel de 228 MBD en 1999 a 79 MBD en 2011, y estimándose se agote a corto plazo en caso de que los planes de aumento de la capacidad de refinación en el país sigan retrasados o diferidos por parte de PDVSA.

El siguiente eslabón en la cadena de suministro son los **poliductos de transporte de combustibles y las plantas**

de distribución. Desde 1993 Venezuela cuenta básicamente con la misma infraestructura de poliductos y plantas de distribución.

Existen 19 plantas de distribución a nivel nacional, de las cuales 14 están interconectadas por poliductos de transporte gracias a los proyectos de desarrollo de infraestructura de sistemas de distribución de combustibles que se llevaron a cabo entre 1984 y 1993.

La concreción de dichos proyectos supuso actualizar la capacidad de suministro por parte de la industria petrolera, proporcionar una garantía de suministro eficiente en un horizonte de 25 años, asegurar el abastecimiento al mercado interno y mitigar el aumento de las necesidades de transporte de combustible por carretera con el uso de camiones remolque de menor eficiencia y mayores riesgos.

Los proyectos más importantes que se ejecutaron en ese lapso fueron los siguientes:

SISTEMA	INAUGURACIÓN	INFRAESTRUCTURA	COBERTURA
SAAM (Suministro Alterno Área Metropolitana)	1986	2 PLANTAS DISTRIB. 73 Km POLIDUCTOS CAPACIDAD: 60 MBD	AREA METROPOLITANA
SISOR (Sistema Suministro Oriente)	1989	6 PLANTAS DISTRIB. 588 Km POLIDUCTOS CAPACIDAD: 75 MBD	ORIENTE SUR
SUMANDES (Suministro Región Andina)	1992	3 PLANTAS DISTRIB. 285 Km POLIDUCTOS CAPACIDAD: 65 MBD	OCCIDENTE ANDES
SISCO (Sistema Suministro Centro-Occid.)	1993	3 PLANTAS DISTRIB. 199 Km POLIDUCTOS CAPACIDAD: 180 MBD	CENTRO CENTRO-OCCID.

Fuentes de información: PDVSA, Inelectra

Desde 1993 no se han concretado nuevas infraestructuras ni ampliaciones de las existentes. La capacidad total de manejo de combustibles de los sistemas de poliductos es aproximadamente 380 MBD, la cual, para la presente fecha se encuentra por debajo de la demanda, generándose no necesariamente desabastecimiento, pero si un incremento de los esfuerzos de transporte de combustible por carretera a base de camiones remolque principalmente. En promedio, los sistemas de transporte por poliductos y las plantas de distribución cuentan con 20 o más años de servicio.

Antiguas plantas de distribución como Cantinas y Nueva Caracas salieron de servicio debido principalmente a los importantes cambios demográficos que se registraron en sus áreas circundantes, dejando al Distrito Capital (Caracas y zonas adyacentes), región con una importante porción de la demanda nacional, únicamente atendido por el SAAM y complementado con suministro desde la Planta de Distribución de Yagua (SISCO) mediante transporte de combustible por carretera, con camiones remolque.

Los proyectos que se han anunciado para mejorar y ampliar las capacidades de los sistemas de transporte y distribución, como el proyecto Suministro Falcón Zulia (SUFAZ), la nueva Planta de Distribución del Oeste de la Gran Caracas y la ampliación del poliducto y del sistema SUMANDES, entre otros, registran, al igual que los proyectos de refinación, un rezago significativo.

Finalmente, se tiene la situación de los **expendios al público**.

Un síntoma de la falta de incentivos para las inversiones en expendios al público o estaciones de servicio, puede verse primeramente en la información que al respecto figura en el Informe de Gestión de PDVSA 2011.

Desde el año 2008 hasta finales de 2011 la cantidad de estaciones de servicio en el país, contrariamente al aumento de la demanda de combustibles automotores, ha disminuido de un total de 1869 en 2008, a 1851 para finales de 2010 y 1832 en 2011.

La Fig. 13, tomada del referido Informe de PDVSA, muestra la evolución del parque de estaciones de servicio desde el año 2008 hasta el presente:

EVOLUCIÓN DE LA RED DE ESTACIONES DE SERVICIO

Fig.13 – Venezuela: Evolución de infraestructura de Estaciones de Servicio 2008-2011

Hasta 2008, el 47% de las estaciones de servicio estaban abanderadas por empresas privadas, entre las cuales existían varias de marca mundial como BP, Texaco y Mobil. A partir de ese año se instrumentaron regulaciones, basadas en la nueva Ley Orgánica de Reordenamiento del Mercado Interno de Combustibles Líquidos, que modificaron la estructura y el control del negocio de los expendios de combustibles, haciendo que la participación de estas empresas desapareciera, y quedando completamente bajo la supervisión y el control del Estado a través de PDVSA.

En todo caso, la carencia de márgenes mínimos de comercialización para el sostenimiento de esta actividad por parte de entes privados hizo que los propietarios de estas estaciones de servicio se vieran impedidos, como ocurre hasta el presente, de efectuar mejoras y ampliar la prestación de servicios. Como consecuencia, algunos salieron del negocio y otros fueron absorbidos por PDVSA.

El siguiente artículo de prensa evidencia la situación a mediados de 2011:
http://www.reportero24.com/2011/06/energia-perdidas-hacen-inviable-negocio-de-gasolineras/

ENERGÍA: Pérdidas hacen inviable negocio de gasolineras

En la región capital el número de estaciones se redujo de 246 a 223 en los últimos 5 años.

En la actualidad hay un déficit de 2.500 estaciones de servicio en todo el país

■ *Las fallas eléctricas también perjudican el negocio de gasolineras.*

■ *En promedio se cierran 20 comercios por año y desaparecen 18 puestos de trabajo por establecimiento.*

A dos años de la aprobación de la Ley de Reordenamiento del Mercado Interno de Combustibles, los planes de expandir el número de estaciones de servicio en el país no se han cumplido. Por el contrario, el cierre ha sido continuó debido a que el negocio no es rentable en 40% de los establecimientos, ni siquiera con las tiendas de conveniencia, y la situación ha empeorado en varias regiones del país por la suspensión del servicio eléctrico.

Cifras del sector muestran una caída de la participación privada: en 2009 cerraron 20 establecimientos que eran propiedad de particulares, en 2010 hubo un número similar y las perspectivas indican que la tendencia seguirá en caída, salvo que se tomen medidas que restablezcan la rentabilidad y el suministro permanente de combustible. En la región capital, que abarca Caracas y los estados Miranda y Vargas, se registra una disminución de 9% en el número de comercios, al pasar de 246 a 223 estaciones de servicio en los últimos 5 años.

La situación trae más desempleo en vista de que una estación de servicio, en promedio, genera 18 puestos de trabajo: 8 como operadores de las unidades de expendio y 10 para la atención de la tienda de conveniencia y labores de mantenimiento. No menciona si se añade el servicio de lavado y engrase.

Las empresas del sector están agrupadas en la Federación Nacional de Asociaciones de Empresas de Hidrocarburos, conocida como Fenegas; pero actualmente el gremio se mantiene hermético para cualquier declaración. Sigue pendiente que el Gobierno le reconozca un margen de comercialización en el expendio de combustible que les permita cubrir los costos por la elevación del salario mínimo y del bono de alimentación, autorizado hace poco por el Ejecutivo.

"Los aumentos salariales, muy justo para los trabajadores, tienen un efecto directo en el incremento de

nuestra estructura de costos", señaló Fenegas en una carta que envió al Ministerio de Energía y Petróleo en 2010. Este año ha tenido que repetir un argumento similar.

Las quejas de los empresarios también se han expuesto ante Consecomercio, Consejo Nacional del Comercio y los Servicios, que lo señala como uno de los sectores más perjudicados por una política pública que se considera desacertada, no solamente porque existe un rezago en el reconocimiento de los costos, sino porque también se toman medidas que alejan la presencia del sector privado.

Una actividad que languidece:

"Hay estaciones de servicio que afrontan una situación crítica porque hay retrasos en el surtido de gasolina, se vacían los tanques y la gente no se detiene aun cuando permanezca abierta la tienda de conveniencia", advierte Carlos Fernández, presidente de Consecomercio.

Añade que las estaciones también se ven obligadas a cerrar cada vez que hay una suspensión del servicio eléctrico y, además, tienen que cargar con pérdidas adicionales debido a que esas fallas pueden dañar los equipos. "En definitiva, prácticamente se está matando la actividad comercial de vender gasolina".

A mediados de los años noventa, en el segundo gobierno de Rafael Caldera, se aprobó una reforma legal dirigida a permitir el ingreso de compañías privadas y extranjeras en el negocio de las gasolineras, y reducir el carencia que había en el país, pero la modificación no cumplió las expectativas que se hicieron, sobre todo, las empresas foráneas, que esperaban una liberalización en el precio de la gasolina o un régimen de tarifas menos discrecional.

"En 1998 se calculaba un déficit de 1.000 estaciones, tomando en cuenta que el parque automotor del país para ese momento estaba en 2,8 millones de vehículos, ahora hacen falta cerca de 2.500 gasolineras porque el número de automóviles creció a 5 millones", señala Ramón Castro Pimental, ex vicepresidente de Deltaven. "La cantidad de estaciones es menor porque se detuvo la construcción, se han desmantelado varias de las que existían y la falta de rentabilidad no hace viable el negocio", apunta.

Los cálculos señalan que si se logra cubrir la falta de estaciones se podrían generar 45.000 nuevas fuentes de empleo.

Subsidio en crecimiento:

Las cifras del Ministerio de Energía y Petróleo indican que a partir de 2004 la brecha entre el precio de exportación y el precio de venta de la gasolina comenzó a ampliarse debido al repunte en los precios del crudo, al congelamiento de la tarifas del combustible y a la devaluación del bolívar.

Petróleos de Venezuela en 2010 dejó de percibir 60 dólares por cada barril de gasolina que se queda en el país, y las pérdidas están entre 10 y 12 dólares por barril, aunque analistas aseguran que el saldo rojo podría aproximarse a los 20 dólares por barril cuando se compara el costo de producción y a cuánto se está vendiendo: 3,5 dólares por barril.

Las números preliminares muestran que el año pasado la compra de gasolina en promedio estuvo en 287.000 barriles por día, volumen que se ha triplicado si se compara con el consumo de hace 12 años.

Por: ANDRÉS ROJAS JIMÉNEZ
arojas@el-nacional.com
ENERGÍA | PDVSA

Fin del artículo

Igual ha venido ocurriendo con el **transporte en camiones remolque**, o gandolas, que son el principal medio de suministro de combustibles desde las Plantas de Distribución hasta las estaciones de servicio. Este negocio, que tradicionalmente contaba con una participación mayoritaria de empresas privadas nacionales, ahora se encuentra bajo responsabilidad del Estado en más de un 60%, tal como se describe textualmente el Informe de Gestión de PDVSA 2011, página 144:

> *"En el mercado nacional, 61% de los combustibles líquidos se despachan vía terrestre con flota propia y el 39% restante se movilizó con flota de terceros. Con estos avances en la distribución, se logró disminuir la participación del sector privado en 27%, que para el año 2010 transportaba 211 MBD y para el año 2011 desciende a 166 MBD, una reducción equivalente a 45 MBD."*

El siguiente artículo de prensa denota cómo la crisis se extiende a las etapas finales de la cadena de suministro:
http://www.entornointeligente.com/articulo/1261840/VENEZUELA-Falta-de-repuestos-para-gandolas-afecta-despacho-de-combustibles
Publicado por **El Nacional** el jueves, 10 de mayo del 2012

VENEZUELA: FALTA DE REPUESTOS PARA GANDOLAS AFECTA DESPACHO DE COMBUSTIBLES

La Federación Unitaria de Trabajadores del Petróleo, del Gas, sus Similares y Derivados de Venezuela culpa a los propietarios de estaciones de servicio de las fallas en el suministro de gasolina presentado en las últimas semanas, pero al mismo tiempo reconoció que hay gandolas que se compraron a China que no están circulando por falta de repuestos. "Hay fallas en la entrega de repuestos por problemas administrativos, retrasos en las aduanas por parte del Seniat y en los trámites que tiene el convenio firmado entre Venezuela y China", dijo Igor Rojas, director ejecutivo de la Futvp, en una rueda de prensa, como vocero de la federación, para fijar su posición de respaldo a los trabajadores de la Empresa Nacional de Transporte, y explicar las razones por las que el suministro de gasolina se ha interrumpido en varios estados. En compañía de Ángel Castillo, que representa a los trabajadores de la ENT, Rojas señaló que 750 gandolas fueron entregadas como parte del convenio chino sin especificar cuántas de esas unidades estarían operativas. Se cuenta con 3.800 conductores en todo el país, pero esa cantidad sería deficitaria porque se considera que debería tener 500 choferes adicionales. La otra razón a la que atribuyen problemas en el suministro de combustible se debe "al interés de los propietarios de estaciones de servicio de generar caos". Frente a esta situación Rojas aseguró que esa organización montó "un comando antigolpe" para evitar que persistan los problemas en el expendio de combustible. "Hay dueños de gasolineras que tienen hasta ocho islas de venta y sólo abren una para no pagar a sus trabajadores y por eso se ven las enormes colas. Eso ha ocurrido en estaciones en Guarenas, Guatire y en los Altos Mirandinos", agregó el director de la Futpv. Sobre los problemas para la venta, presentados en los estados Zulia y Táchira, explicó que esto ocurrió debido a los deterioros en la vialidad generados por las lluvias en esas regiones. Lentitud en entrega. Por el lado de la organización que agrupa a los propietarios de las gasolineras, la Federación Nacional de Asociaciones de Empresarios de

Hidrocarburos, no hubo una posición frente a las críticas hechas por la Futpv. "No hay problemas en el suministro de gasolina y las fallas que se presentaron hace más de una semana quedaron resueltas", dijo María Herminia Pérez, presidenta de Fenegas. Varios de los propietarios de las gasolineras que operan en la región capital refutan los señalamientos de la Futpv. Aseguran que los problemas se generan debido a la demora en la entrega de combustible por parte de las unidades de la ENT. "Se acaba la gasolina y se tiene que cerrar hasta que llegue la gandola", expresó uno de los dueños.

Hasta el momento no se ha logrado resolver el hecho de que la capacidad de almacenamiento de la mayoría de las estaciones es para gasolina de 91 octanos en una proporción de 60% frente a 40% de 95, pero el consumo es inverso en una relación de 70% al combustible de más alto octanaje. El Ministerio de Petróleo y Minería no ha tomado medidas para corregir esta situación.

Fin del artículo

Evidentemente, los niveles actuales de los subsidios, aun cuando pudiera argumentarse que son sostenibles para PDVSA o para el Estado, eso solamente podría ser cierto, a corto plazo, de mantenerse altos precios del petróleo, sostenidamente sobre US$ 100 por barril, de forma que generen tal magnitud de renta petrolera capaz de absorber las pérdidas y las distorsiones que aumentan progresivamente.

Aun así, es claro que el estímulo y la capacidad de PDVSA a destinar recursos en inversiones para solventar la capacidad de refinación y para actualizar la infraestructura de suministro interno se ven bastante comprometidos dado que los costos de producción y los costos de la carga política y social que esta empresa acarrea le dejan poco margen de maniobra financiera para este tipo de inversiones.

A corto plazo la situación apunta a mayores dificultades en el suministro y potenciales racionamientos de combustible.

3.4 Distribución de la renta

Tal como se ha comentado previamente, los gobiernos tienen argumentos políticos para mantener subsidios de esta naturaleza y justificar que proveer combustible a bajos precios, incluso a los actuales, se traduce en beneficios sociales y económicos, aunque en el fondo, se sabe que las razones de este congelamiento en los precios de los combustibles automotores se acercan más a evitar costos de naturaleza política, aduciendo proteger áreas de interés social, como el transporte público.

En un próximo apartado se cuantifica el impacto real que un aumento razonable y lógico en los precios de los combustibles pudiera tener en los costos de transporte. Como adelanto, se aclara que el impacto no es de la dimensión que algunos sectores interesados han manifestado en diversas ocasiones.

En cuanto a la distribución de la renta, es de suma importancia evaluar a profundidad si existen argumentos reales para sostener el vigente esquema de precios de los combustibles.

Hay diversas pero coincidentes opiniones al respecto; en el artículo antes referido, titulado *"Sobre el incómodo subsidio a la gasolina, por Asdrúbal Oliveros"*, publicado en septiembre de 2011, se hace una mención de importancia sobre este asunto. Al respecto indica lo siguiente:

"Sin embargo, cuando evaluamos el patrón de consumo de gasolina por cada uno de los habitantes de cada estrato social, a partir de la

encuesta que elabora el Instituto Nacional de Estadística (INE) y el Banco Central de Venezuela (BCV), para el área metropolitana de Caracas, nuestros resultados nuevamente contradicen el discurso del Presidente de Pdvsa. A medida que subimos de estrato social, tomando en cuenta que el primero es el que percibe ingresos menores y el cuarto es el percibe ingresos mayores y cada uno tiene la misma cantidad de personas (25,0% de la población en cada uno), tenemos que el consumo del estrato IV es 9,4 veces mayor al consumo del estrato I. Además, si realizamos un cálculo por familia tenemos que el Estado estaría regalando VEB 11.050 por concepto de subsidio a la gasolina a las personas de mayor ingreso durante el presente año, cuando el estrato I recibiría sólo VEB 1.773."

Fin de la cita.

Este es un argumento crítico y contundente sobre la falta de equilibrio del subsidio, en especial, el de la gasolina. La mayor parte de esta renta queda en los sectores de la población de mayores ingresos, y eso es totalmente lógico ya que son los sectores de mayores ingresos los que más vehículos particulares adquieren, y esos vehículos, casi en su totalidad, consumen gasolina.

Ahora bien, se debe hacer mención a que los combustibles automotores (gasolina y diesel) abarcan una gama de usos más allá del uso particular de vehículos. El uso de combustibles automotores tiene otros dos sectores muy importantes que son el transporte público y el transporte de carga, y es en estos otros dos sectores en los que se puede interpretar que el beneficio del subsidio si pueda llegar a ser más significativo para los sectores de menores ingresos.

Sobre este último aspecto, es muy útil el estudio presentado en el año 2005, denominado *"EQUIDAD DEL SISTEMA TRIBUTARIO Y DEL GASTO PÚBLICO EN VENEZUELA"* elaborado por Gustavo García y Silvia Salvato, y publicado en septiembre de 2005 por la Comunidad Andina de Naciones (CAN) (http://www.comunidadandina.org/public/ libro_EquidadFiscal_venezuela.pdf).

En el referido estudio se dedica un capítulo al impacto distributivo de los subsidios implícitos a los combustibles en Venezuela, básicamente en los combustibles destinados al transporte, como una medición del impacto distributivo en el perfil de consumo de las familias.

La mayor parte de los datos utilizados en dicho estudio provienen de información y data estadística del BCV y del INE para el periodo de 2001 a 2003, fechas en las que el parque automotor (menor de 3 millones de vehículos) probablemente era un 50% del actual. Sin embargo, provee una base lo suficientemente sólida para concluir que la distribución de la renta, como consecuencia de este subsidio, en la actualidad sería bastante parecida, dado el comportamiento en el crecimiento de la flota vehicular por tipo y uso entre el año 2001 y 2008, la cual ha registrado un aumento significativo y proporcional entre sus distintos componentes (Fig.4).

El análisis de García y Salvato señala los siguientes puntos de interés:

- El subsidio implícito de los combustibles en Venezuela se concentra, en mayor medida, en el combustible utilizado para transporte, y se reparte de forma proporcional entre el uso de vehículos particulares (también llamado Subsidio Directo al Consumidor), el transporte de carga y el transporte de pasajeros, considerando éstos últimos como subsidios indirectos.

La repartición del subsidio presenta el siguiente comportamiento:

USO / DESTINO	PORCENTAJE
Gasolina Vehículos Particulares	33%
Transporte de Pasajeros	34%
Transporte de Carga	33%

De igual modo, logra determinar y analiza cómo se reparte el subsidio entre los diferentes estratos de la población, calculándolo con base en la estructura del consumo final de los hogares.

Con base en esa distribución, determinada en cada porción de los hogares de acuerdo a su consumo, el estudio llega a proveer datos de cómo se reparte el subsidio, para cada uso, en cada una de las 20 porciones de clasificación de los hogares, desde los de menores ingresos hasta los de mayores ingresos (Fig. 14).

SUBSIDIO DE COMBUSTIBLES EN VENEZUELA – DISTRIBUCIÓN POR HOGARES DE MENORES A MAYORES INGRESOS

	Subsidio a Vehiculos Particulares	Subsidio a Transporte Pasajeros	Subsidio a Transporte de Carga
% hogares por ventil	% subsidio por ventil	% subsidio por ventil	% subsidio por ventil
4.2%	0.3%	1.0%	1.1%
4.0%	0.1%	1.9%	1.4%
3.9%	0.3%	2.2%	1.9%
4.1%	0.4%	2.8%	2.3%
4.3%	0.6%	2.6%	2.8%
4.4%	0.8%	3.3%	2.9%
4.3%	1.1%	3.9%	3.0%
4.6%	1.5%	4.4%	3.3%
4.8%	1.0%	4.1%	3.4%
4.5%	1.7%	5.0%	3.7%
4.6%	3.0%	5.5%	4.2%
5.3%	2.7%	5.0%	4.3%
5.0%	3.3%	5.9%	4.6%
5.2%	4.1%	5.2%	5.0%
5.3%	4.7%	7.3%	5.9%
5.4%	9.8%	7.3%	6.5%
5.9%	9.8%	6.9%	6.9%
6.1%	13.2%	5.3%	8.1%
6.6%	16.4%	7.6%	10.8%
7.5%	25.2%	12.8%	17.9%

Fuente: Gustavo García y Silvia Salvato a partir de datos BCV – INE lapso 2001-2003

Fig.14 – Venezuela: Distribución subsidio de combustibles por hogares y por tipo de uso

A partir de esos datos, García y Salvato determinan que el subsidio de la gasolina para uso en vehículos particulares es el más desigual, lo cual significa que los segmentos de hogares con los mayores ingresos son los que más se benefician de este subsidio.

El transporte de carga, aunque también presenta una desigual repartición del subsidio, tiende a favorecer en mayor grado a los sectores de menores ingresos, y el transporte de pasajeros, aun cuando en este estudio se incluyó el combustible para transporte aéreo de pasajeros, es el destino que presenta la repartición más equilibrada del subsidio implícito, por lo que se asume que a la presente fecha, la distribución del subsidio actual en este uso debe mantener proporciones muy parecidas para el caso del transporte de pasajeros en el sector automotor. De acuerdo a las cifras mostradas por PDVSA en sus resultados de 2011, el volumen de combustibles de aviación representan menos del 2% del total de la demanda del sector automotor.

De acuerdo a los resultados indicados en la Fig. 14, el nivel de desigualdad en la repartición del subsidio en el segmento referido a vehículos particulares es el más significativo. Tomando los resultados de este estudio, y las estimaciones de los montos de los subsidios implícitos para el año 2011 (Fig. 7), de todo el subsidio automotor, que se estima en más de 14 mil millones de US$ (referido a la oportunidad de exportación), el 33%, que correspondería al destino de uso vehículos particulares, es decir, unos 4600 millones de US$, con el esquema actual su distribución es extremadamente desigual. El 20% de los hogares con mayores ingresos estaría percibiendo el 55% del subsidio , es decir unos 2600 millones de US$, mientras que el 20% de los hogares de menores ingresos se beneficia del 1,7% de dicho subsidio, es decir menos de 80 millones de US$.

No obstante, en el caso del transporte de pasajeros se logra una mayor equidad en la repartición del subsidio comparado con el correspondiente al destino vehiculos particulares. De acuerdo a estos resultados, el 20% de los hogares de mayores ingresos percibirían el 25,7% del subsidio (1220 millones de US$ en 2011), mientras que el 20% de hogares de menores ingresos se beneficiarían del 10,5% (500 millones de US$ en 2011).

Finalmente, en el caso del transporte de carga, la distribución del subsidio, sin llegar al extremo de los vehículos particulares, se hace nuevamente más desigual, llegando el 20% de los hogares de mayores ingresos a percibir casi el 37% del subsidio implícito (1700 millones de US$ en 2011), mientras que el 20% de los hogares de menores ingresos se estarían beneficiando del 9,5% del subsidio (440 millones de US$ en 2011).

En la Fig. 15 se muestran las gráficas de las distribuciones porcentuales de los referidos subsidios, en la que además se añade una curva elaborada con base en los datos del referido estudio, correspondiente a la distribución de la totalidad del subsidio entre las mismas porciones de hogares de menores a mayores ingresos.

En la gráfica se indica el factor Gini aproximado, calculado con los datos disponibles para cada distribución. Puede observarse que en el caso del subsidio a vehículos particulares el Gini aproximado alcanza valores cercanos a 0,5 lo que demuestra su significativa inequidad, mientras que en el caso del transporte de pasajeros, el Gini se aproxima a valores de 0,1. Un factor Gini igual a cero es indicativo de una distribución perfectamente equitativa del subsidio.

En el caso de la curva que muestra la distribución total ponderada del subsidio, el Gini se aproxima a 0,3 lo cual indica que la distribución de la totalidad del subsidio, lejos de ser satisfactoria, denota desequilibrios significativos en cuanto a cómo se reparte entre la población de menores y la de mayores ingresos.

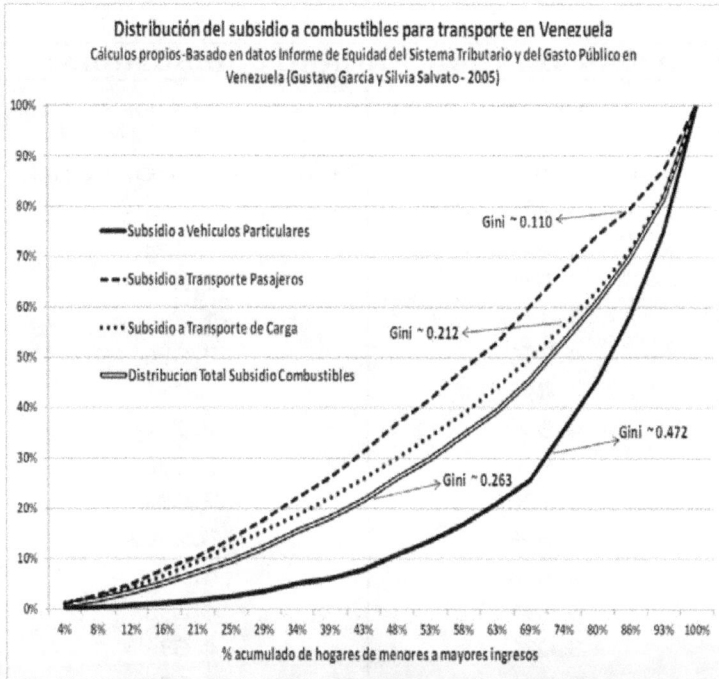

Fig.15 – Venezuela: Curvas de distribución del subsidio de combustibles para transporte por hogares y por tipo de uso

En la Fig. 16, que muestra los valores correspondientes a la distribución total ponderada del subsidio automotor, se observa que el 20% de la población de mayores ingresos percibiría aproximadamente el 39% de todo el subsidio de combustible automotor (vehiculos particulares, transporte pasajeros y trasporte carga), es decir cerca de 5500 millones de US$ en 2011, mientras que el 20% de menores ingresos percibiría solamente un 7% de todo el subsidio, cerca de 1000 millones de US$ en 2011. Esto significa que de todo el subsidio que se otorga vía precios de los combustibles automotores, el estrato del 20% de mayores ingresos se beneficia 5,5 veces más de dichos subsidios que el estrato del 20% de menores ingresos.

Distribucion Total Subsidio Combustibles	
% hogares por ventil	% subsidio por ventil
4.2%	0.8%
4.0%	1.1%
3.9%	1.5%
4.1%	1.8%
4.3%	2.0%
4.4%	2.3%
4.3%	2.7%
4.6%	3.1%
4.8%	2.8%
4.5%	3.5%
4.6%	4.2%
5.3%	4.0%
5.0%	4.6%
5.2%	4.8%
5.3%	6.0%
5.4%	7.9%
5.9%	7.9%
6.1%	8.8%
6.6%	11.6%
7.5%	18.6%

Fuente: cálculos propios a partir de datos de Gustavo García y Silvia Salvato, 2005
Fig. 16 – Venezuela: Distribución total ponderada del subsidio de combustibles por hogares

A fin de ampliar la perspectiva sobre este tema, es conveniente mencionar que existen otros enfoques sobre los efectos directos e indirectos de este tipo de subsidios. Un análisis cualitativo muy interesante es el que provee Enrique González Porras, en su artículo *"Ambiente, Energía y Economía"*, de septiembre 2008 (www.eumed.net/rev/cccss/02/ergp.htm), en el que se plantea que la congestión vehicular en los centros de mayor concentración de población en Venezuela puede darse en parte como un efecto negativo indirecto de este subsidio implícito, y que además de la repartición injusta de esta renta, que en términos reales va hacia los sectores de la población con mayor capacidad adquisitiva, existe también un traslado de parte de esta renta a la industria automotriz. Es un enfoque interesante, ya que parte de la premisa de que en la decisión de adquirir un vehículo está involucrado no solo el valor del vehículo sino el beneficio *extra* que provee el acceso a combustible de muy bajo costo. De alguna manera, el vehículo y el combustible podrían considerarse bienes complementarios, lo que a su vez genera una demanda mayor de vehículos y con ello, un potencial sobreprecio por parte de sus oferentes. Ese *extra* es, en forma indirecta, el descuento de una parte o la totalidad de la renta que se sabe de antemano será percibida por el consumo de combustible subsidiado, ponderada en términos de valor presente. En fin, de acuerdo a este análisis, el subsidio a los combustibles proveería un subsidio a su vez a la venta de vehículos.

El planteamiento, trasladado a los efectos adversos de la congestión vehicular y contaminante, concluye en la necesidad de equilibrar la distribución de la renta petrolera ajustando los precios de los combustibles y canalizar ese beneficio, por ejemplo, hacia la mejora y el subsidio del transporte público, a fin de que dicho beneficio llegue en mayor medida a los sectores de menor capacidad adquisitiva, que además, sin gozar del uso de vehículos particulares como lo hacen los sectores de mayores ingresos, ahora deben soportar las consecuencias de la congestión vehicular y de la contaminación.

Otro ángulo de análisis, que se puede sumar a los anteriores, es el referido al negocio del transporte, tanto de pasajeros, como el de carga de mercancías.

Si bien es reconocido que el subsidio de los combustibles es distribuido de alguna manera a los consumidores finales de mercancías y usuarios del transporte de pasajeros, tal como se analizó en el trabajo de García y Salvato, debería investigarse, en mayor profundidad, si esos consumidores y usuarios realmente se benefician de la totalidad de dicho subsidio ya que éste no es un subsidio directo como el que recibe el usuario de un vehículo particular vía precio de la gasolina.

Partiendo del enfoque de González Porras, se podría especular que parte de ese beneficio también se queda en los agentes propietarios y administradores de estos negocios. En términos generales, no existe una competencia perfecta, en especial, en el transporte de pasajeros, dónde hay muchas evidencias de especulación y de acciones oligopólicas por parte de sus agentes. Existe una alta probabilidad de que parte del subsidio sea apropiado por ellos por la vía de injustificados aumentos de los pasajes.

De igual modo, el transporte de mercancías puede tener subsectores o algunos de ellos formar parte de una cadena comercial más compleja, en los que el beneficio de este subsidio podría no pasar íntegramente a los consumidores finales, quedándose parte de la renta en los eslabones intermedios.

En fin, se puede concluir que respecto al esquema actual de distribución de los subsidios implícitos de los combustibles, en el mejor de los casos, la distribución será la que por medio del análisis de García y Salvato fue determinada, según la cual ésta se concentraría beneficiando en mayor proporción a las familias de mayores ingresos. No obstante, si se añaden los enfoques adicionales planteados, puede concluirse que muy probablemente dichos subsidios tengan un nivel distributivo aun mucho más limitado.

Capítulo 4
Reflexiones sobre la situación actual y propuesta para la sostenibilidad y el crecimiento

Una vez analizado el rezago de los actuales esquemas de precios, los efectos directos e indirectos de los mismos, la situación que en general presenta la cadena de producción y suministro de combustibles, así como la distribución real de los subsidios y la transferencia efectiva de la renta, es necesario listar los aspectos más importantes que resumen la situación referida al suministro de combustibles líquidos al mercado interno en Venezuela:

- Los precios en Bolívares presentan un congelamiento desde 1996, lo que se traduce en que los precios se encuentran actualmente en niveles que podrían calificarse como equivalentes a valor cero. En Venezuela, la inflación acumulada entre diciembre de 1996 y diciembre de 2011, que puede determinarse a partir de los datos estadísticos del BCV, se encuentra en el orden del 2252%.

- Producto de esa política de precios, o por la ausencia de una política apropiada, a partir del año 2002 PDVSA pasa a vender gasolina y diesel, para uso automotor interno, por debajo de los costos de producción y venta. El resultado para la empresa es la pérdida, durante 2011, de aproximadamente 23 US$/barril, sin incluir el costo de las importaciones de gasolina y componentes.

- El subsidio total de los combustibles líquidos que se suministran en el mercado interno, respecto a los costos de producción y venta, se ubican en 2011 en cerca de 4150 millones de US$ (1,31% del PIB), de los cuales el 80% corresponden a la venta de gasolina y diesel para uso automotor.

- La situación es aún más crítica si a esos niveles de subsidio se suma el costo de la importación de gasolina y componentes durante 2011, que se estima en un promedio cercano a 10 MBD. A esto se añade la posible necesidad de aumentar estos volúmenes de importación de gasolina y de diesel a partir de 2012 y 2013, ante el desfase de las inversiones en capacidad de refinación, y el aumento significativo de la demanda.

- Los subsidios de los combustibles líquidos referidos al costo de oportunidad de exportación, se encuentran, para 2011, en cerca de 21000 millones de US$ (6,57% del PIB), de los cuales, el 68% corresponden a gasolina y diesel automotor.

- El diferencial actual de precios de la gasolina y del diesel respecto a los que rigen en países vecinos ha creado múltiples incentivos al contrabando de extracción, ocasionando la salida ilegal de volúmenes de combustibles subsidiados que de manera conservadora se estiman entre 30 y 50 MBD.

- A los costos asociados a estos volúmenes de contrabando, hay que sumar aquellos en los que debe incurrir el Estado por concepto de controles y vigilancia, y los que deben acarrear los consumidores y los agentes económicos en las zonas fronterizas producto de los racionamientos a que son sometidos como medida extrema para tratar

de reducir la extracción ilegal de combustible hacia los
países vecinos.

- La carencia de sostenibilidad económica en la actividad
ha causado importantes retrasos en las inversiones en
producción, transporte, distribución y comercialización
por parte de PDVSA, y esto, junto a las regulaciones que
se han impuesto desde el año 2008 en la actividad de
transporte terrestre y de expendios al público, ha hecho
decaer de forma significativa la participación del sector
privado. Esto lleva a visualizar un deterioro paulatino
en la garantía de suministro de combustibles para el
mercado interno en general.

- Otros efectos colaterales de los niveles actuales de
precios se pueden resumir en: los elevados índices de
crecimiento de la flota vehicular en todo el país y con
ello el crecimiento de la demanda de combustible, el
aumento de los niveles de emisiones contaminantes, el
colapso vial en zonas de alta concentración poblacional
y en las principales vías interurbanas, la merma en la
productividad, así como los mayores riesgos asociados
a la salud debido a la exposición a altas concentraciones
de contaminantes, y al aumento de la fatiga y del estrés
producto del colapso en la circulación vehicular.

- En cuanto a la distribución de renta producto de una
política de precios de esta naturaleza, lejos de favorecer
mayoritariamente a la población de menores recursos, se
concluye que el 20% de las familias de mayores ingresos
perciben aproximadamente el 39% de los beneficios
de los subsidios implícitos, mientras que el 20% de las
familias con los más bajos ingresos solamente perciben
el 7% de los subsidios que el Estado, con todas las
consecuencias que ya se han enumerado, provee a la
venta de combustibles para uso automotor.

- La desigualdad en la distribución de renta se torna crítica si se considera que parte de estos subsidios pueden estar favoreciendo sectores económicos muy específicos como la industria automotriz, empresas y cooperativas de transporte público, así como empresas y agentes vinculados a la actividad del transporte de carga de mercancías.

Producto de este análisis, se puede concluir que el actual esquema de precios de los combustibles no guarda lógica alguna con lo que podría considerarse un esquema razonable de subsidio. Además de no cumplir con una distribución equitativa de renta, está generando efectos perniciosos dado su nivel actual de distorsión.

Como medida inmediata, se debe establecer un ajuste de los precios de los combustibles para uso automotor que procure, en primer término y lo antes posible, recuperar los costos, y en segundo término, equilibrarlos con el aumento que ha registrado en promedio el resto de la cesta de productos y servicios, con el objetivo de alcanzar sucesivamente niveles de precios equivalentes a su verdadero valor de mercado.

Para esto, se visualiza que habría que ajustar, de forma inmediata, el precio de los combustibles en un porcentaje cercano a un 1000%, lo cual significa que el precio actual debería multiplicarse por once (11), a fin de lograr recuperar, por vía de la venta de combustibles automotores, cerca de 4000 millones de US$ anuales, que es el costo del subsidio respecto a los costos de producción y venta de los combustibles líquidos para el mercado interno. En esta primera fase, y calculando un ajuste proporcional a los precios actuales, el precio de la gasolina de alto octanaje al consumidor debería fijarse en aproximadamente 1,10 Bs/litro, y el precio del diesel en 0,55 Bs/litro.

En una segunda fase, se debe efectuar un ajuste equivalente al primero, a fin de llevar los precios a los niveles de 1996 en términos reales. Considerando que la inflación acumulada entre 1996 y 2011 es del 2252%, el litro de gasolina de alto octanaje debería tener a la presente fecha (agosto 2012), un precio al consumidor no menor de 2,15 Bs/litro, y el diesel un precio de 1,10 Bs/litro. A estos niveles de precio, se estaría logrando un precio promedio de equilibrio respecto al precio de la cesta de hidrocarburos para exportación.

Sin embargo, la visión a mediano y largo plazo debe ir más allá. En una tercera fase se deben equilibrar los precios en Venezuela con los de los mercados en nuestros países vecinos. Esto permitiría proveer a la actividad de fundamentos económicos que propicien crecimiento, participación del sector privado y libre competencia, y con ello, entre otros numerosos beneficios, se erradicaría de forma definitiva el incentivo al contrabando de extracción.

Un ejercicio, basado en esta propuesta, se plantea y se analiza a profundidad más adelante.

4.1 IMPACTO DE LOS AUMENTOS DEL COMBUSTIBLE

Cualquier medida de ajuste a los precios de los combustibles ha caído en el terreno de la especulación en cuanto a sus efectos en los costos del transporte, en especial, el transporte de pasajeros. Ésta es una de las principales razones por las que no se han tomado medidas en esta materia y se ha venido acumulando la distorsión explicada y analizada. El cálculo político y el gran caudal de ingresos petroleros han contribuido de forma determinante.

Por lo tanto, se hace necesario medir, con criterios financieros, qué es lo que puede significar un ajuste en los precios de los combustibles, en especial para la actividad de transporte terrestre de pasajeros y de carga, considerando que el componente "combustibles", debido a su actual nivel de precios, hoy tiene un peso insignificante en la estructura de costos de cualquier negocio de esta naturaleza.

Con los precios vigentes se puede determinar con relativa facilidad que el componente "combustibles" tiene un peso equivalente menor a un 3% de todos los costos, incluyendo los costos de capital, para el caso de los vehículos de transporte a gasolina, y un peso menor del 1% de la totalidad de los costos para el caso de los vehículos de transporte con motores diesel.

La diferencia entre lo que representan los costos en vehículos a gasolina y los que se alimentan con diesel, es principalmente el gran diferencial de precios en términos porcentuales entre la gasolina (0,097 Bs/litro de alto octanaje) y el diesel (0,048 Bs/litro), factor que si bien se asocia con tratar de favorecer el transporte público y de carga como una política pública, no guarda relación alguna con los valores reales de ambos combustibles en el mercado global.

Por otra parte, se debe añadir a lo anterior que desde el punto de vista de rendimiento por unidad de volumen de combustible, un vehículo de transporte de mediana dimensión con motor diesel es capaz de recorrer, en condiciones de tránsito en ciudad, cerca de un 50% más de distancia que un vehículo similar con motor a gasolina, debido a que el combustible diesel posee un mayor poder calorífico por unidad de volumen, y además porque las características de un motor diesel, por su mayor relación de compresión, tiene en promedio una eficiencia superior a la de un motor a gasolina. Otro factor que incide en el análisis es que el valor de mercado de un vehículo a gasoil tiende a ser mayor que el de un vehículo a gasolina debido a su mayor rendimiento y vida útil.

Todos estos elementos hacen que el peso del precio del combustible en la estructura de costos sea mayor en el caso de los vehículos a gasolina que en el caso de los alimentados con diesel.

Observando estas características, es necesario reflexionar sobre la justificación de mantener diferenciales porcentuales de más de un 50% entre los precios de la gasolina de alto octanaje y del diesel, y cómo llevar a un término razonable los ajustes a los precios de ambos tipos de combustible.

En todo caso, es necesario efectuar un análisis cuantitativo al respecto y determinar en qué medida los potenciales ajustes de precios afectan a cada tipo de usuario.

Para ello se escogió determinar cómo afecta el aumento de los precios de los combustibles a un sector del transporte muy sensible como lo es el transporte de pasajeros y de carga con vehículos de mediana dimensión, que son los que llevan a cabo la mayor parte del trabajo en las zonas urbanas e interurbanas, en las que el congestionamiento vehicular causa la mayor ineficiencia en el consumo de combustible.

A continuación se muestran los resultados de la estimación financiera de cuál sería el efecto de ajustar los precios de los combustibles gasolina y diesel automotor para cada caso, precedidos por las premisas que corresponden a cada uno.

La evaluación se circunscribe a determinar, en términos de valor presente, el efecto que causa la variación en los precios de los combustibles en el costo total, incluyendo el costo de capital (la inversión en el vehículo). El ejercicio se efectúa en bolívares constantes. El costo de mantenimiento registra un aumento anual debido al envejecimiento del vehículo.

Los resultados para el caso de vehículos a gasolina son los siguientes:

Premisas de la evaluación

Inversión vehículo (Bs)	500000	vehículo mediano promedio carga/pasajeros
Vida útil (años)	8	
Valor de rescate (Bs)	150000	
Costo mantenimiento (Bs/año)	8000	
Seguros (Bs/año)	25000	
Factor aumento mtto. anual	30%	
Recorrido (Km/año)	60000	
Rendimiento combustible (Km/lt)	2	gasolina en ciudad
Precio combustible (Bs/lt)	0,097	vigente a julio 2012

Resultados

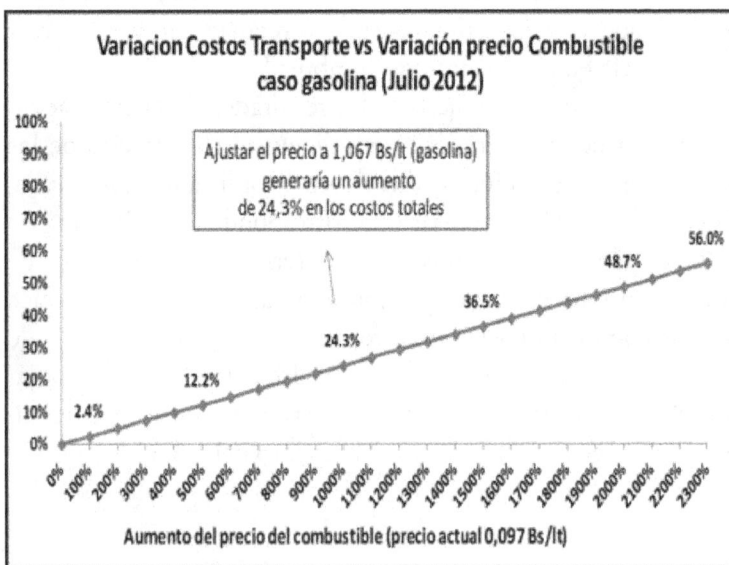

Fig.17 – Efecto del aumento del precio de la gasolina sobre los costos de transporte

Para el caso de los vehículos a diesel:

PREMISAS DE LA EVALUACIÓN

Inversión vehículo (Bs)	600000	vehículo mediano promedio carga/pasajeros
Vida útil (años)	10	
Valor de rescate (Bs)	180000	
Costo mantenimiento (Bs/año)	10000	
Seguros (Bs/año)	30000	
Factor aumento mtto. anual	30%	
Recorrido (Km/año)	60000	
Rendimiento combustible (Km/lt)	3	diesel en ciudad
Precio combustible (Bs/lt)	0,048	vigente a julio 2012

RESULTADOS

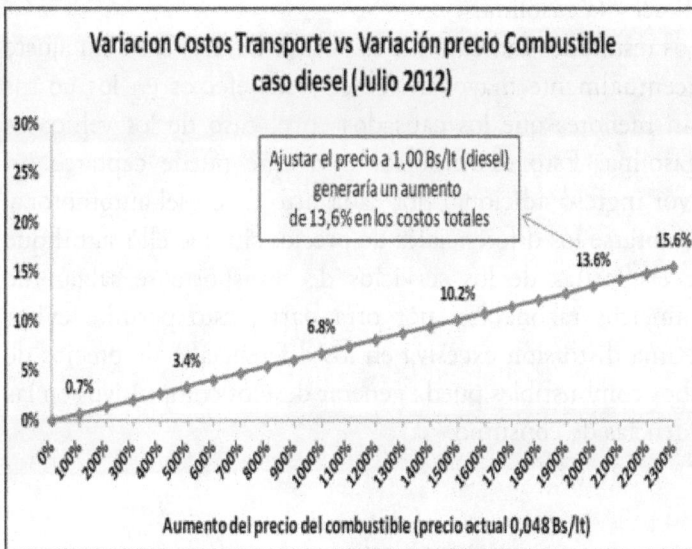

Variacion Costos Transporte vs Variación precio Combustible
caso diesel (Julio 2012)

Ajustar el precio a 1,00 Bs/lt (diesel) generaría un aumento de 13,6% en los costos totales

Aumento del precio del combustible (precio actual 0,048 Bs/lt)

Fig.18 – Efecto del aumento del precio del diesel sobre los costos de transporte

El cálculo anterior demuestra que producto de un aumento razonablemente efectivo de los precios de los combustibles automotores, que como mínimo en una primera fase deberá aproximarse al 1000%, se generarían incrementos en los costos de los transportistas que en el caso más desfavorable, los que utilizan gasolina de alto octanaje, llegarían a un 24%, mientras que en el caso de los vehículos a diesel escasamente llegarían a un 7%. Esto no quiere decir que las tarifas de transporte deban ajustarse en esos mismos porcentajes, sin embargo, en lo sucesivo se considerará, a modo conservador, que el efecto porcentual en los costos de los transportistas se trasladaría como ajuste necesario en las tarifas de transporte para el caso de pasajeros y de carga de mercancías.

Otro elemento que producto de este análisis suministra una perspectiva sobre los potenciales ajustes de los precios, es la factibilidad de equilibrar el actual diferencial de precios entre el diesel y la gasolina.

Los resultados indican que es posible llevar a cabo un ajuste porcentualmente mayor al diesel y sus efectos en los costos serán menores que los causados en el caso de los vehículos a gasolina. Esto es importante ya que puede captarse un mayor ingreso adicional por cada litro de diesel automotor y equilibrarse los diferenciales de precios sin que ello signifique que las tarifas de los servicios de transporte se salgan de parámetros razonables; por otra parte, esto permite evitar que una distorsión excesiva en los diferenciales de precios de ambos combustibles pueda generar desvíos compulsivos en las tendencias de consumo.

4.2 PROPUESTA DE AJUSTE INICIAL DE LOS PRECIOS DE LOS COMBUSTIBLES (FASE I)

Producto de este razonamiento se llevó a cabo un cálculo para determinar cuáles deberían ser los ajustes de precios en una primera fase, procurando equilibrar el precio del combustible diesel al precio de la gasolina de bajo octanaje, y ésta a su vez manteniéndose proporcionalmente por debajo del precio de la gasolina de alto octanaje.

Aun cuando no se dispone de estadísticas al respecto, la tendencia actual es que los transportistas están migrando sus flotas a vehículos diesel debido a su mayor rendimiento y durabilidad, no obstante, el transporte público y el de carga urbano e interurbano cuentan con flotas de vehículos a gasolina que son difíciles de sustituir a corto plazo debido al tipo de rutas que cubren, para las cuales solamente pueden usar vehículos más livianos y en algunos casos de doble tracción, que mayoritariamente en Venezuela siguen siendo a gasolina. Las estimaciones al respecto indican que aproximadamente el 60% de los vehículos medianos tanto de carga como de transporte público son a base de combustible diesel, mientras que el 40% son de gasolina.

Basado en lo anterior, el cálculo optimizado de los nuevos precios de los combustibles automotores, para una primera fase de ajustes, arroja los siguientes resultados:

AJUSTES PROPUESTOS FASE I

AJUSTES PROPUESTOS FASE I

Combustible	Precio actual (Bs/lt)	Ajuste %	Precio ajustado (*) (Bs/lt)	Impacto costos (%)
Gasolina alto oct.	0,097	982%	1,05	23,9
Gasolina bajo oct.	0,070	971%	0,75	17,2
Diesel	0,048	1462%	0,75	10,0
Total ponderado	0,081	1038%	0,92	14,7

(*) Bolívares de Julio 2012

Fig.19 – Precios propuestos en primera fase e impacto en los costos de transporte urbano y suburbano, de pasajeros y de carga

Para este cálculo se determinó, como restricción, que el precio del diesel se iguale al precio de la gasolina de bajo octanaje, y el objetivo matemático fue minimizar el impacto en los costos. De forma ponderada, para un ajuste promedio en los precios de los combustibles de un 1038%, con los precios resultantes para cada combustible, se genera un impacto del 14,7% en los costos totales de la actividad.

Se debe recalcar que pueden efectuarse muchas combinaciones con efectos parecidos, pero es importante que para cualquier decisión se considere que la gasolina de alto octanaje es mayoritariamente consumida por vehículos particulares, y que por lo tanto, su subsidio implícito es el de menor efecto distributivo. Sin embargo, el mantener un diferencial excesivo entre la gasolina y el diesel puede llevar a un desvío abrupto en los parámetros de consumo y por lo tanto, reducirse el efecto necesario de los ajustes de precios.

En todo caso, una vez superada esta primera fase de ajustes, los precios de cada tipo de combustible pueden ser reorientados en función de las tendencias de los consumos, con cambios de precios de menor magnitud e impacto en los usuarios.

Con el ajuste propuesto, el precio al consumidor de la gasolina de alto octanaje pasa de ser equivalente a US$ 0,02 por litro, a US$ 0,24 por litro, considerando la tasa de cambio oficial vigente de 4,30 Bs/US$.

Esto significa que el precio al cual el consumidor en Venezuela seguiría adquiriendo el producto continuaría siendo uno de los más baratos del mundo. De acuerdo a los precios indicados en la Fig. 6, Venezuela tendría el precio de gasolina más barato de América, y sería el cuarto país con menor precio de gasolina del mundo. Seguiría siendo substancialmente menor que el de Ecuador (un 50%) y 5,2 veces menor que el precio de la gasolina en Colombia.

Es importante considerar que independientemente de esta medida de ajuste, la economía seguirá muy probablemente bajo la misma dinámica de inflación y potencial devaluación de la moneda, razón por la cual, la política de precios deberá contemplar ajustes sucesivos a fin de mantener el equilibrio básico en relación a los costos, de lo contrario, el esfuerzo podría verse diluido en cuestión de meses.

4.3 Efectos inflacionarios

El ajuste propuesto, si bien tiene un efecto moderado o bajo en los costos del transporte de pasajeros y de carga a nivel urbano y suburbano, es necesario evaluar cómo impacta esta medida inicial en lo que se refiere a los niveles de precios del resto de los rubros que componen la matriz de consumo promedio en el país.

Fig.20 – Efecto inflacionario a nivel de INPC de la primera fase de ajustes

Estructura de ponderaciones del INPC INE - Venezuela		Efecto ajuste en transporte	
GRUPOS	PESO INPC	14,7%	23,9%
Alimentos y bebidas no alcoh.	32,2%	0,71%	1,15%
Bebidas alcohólicas y tabaco	3,0%	0.07%	0,11%
Vestido y calzado	7,2%	0,11%	0,17%
Alquiler de vivienda	9,8%	0,07%	0,12%
Servicios de la vivienda	2,3%	0,03%	0,06%
Equipamiento del hogar	5,6%	0,04%	0,07%
Salud	4,3%	0,03%	0,05%
Transporte	10,8%	1,59%	2,58%
Comunicaciones	3,8%	0,03%	0,05%
Esparcimiento y cultura	3,6%	0,03%	0,04%
Servicios de educación	2,7%	0,02%	0,03%
Restaurantes y hoteles	8,8%	0,19%	0,32%
Bienes y servicios diversos	5,8%	0,09%	0,14%
TOTAL	100,0%	3,0%	4,9%

Tomando la estructura de ponderaciones del Índice Nacional de Precios al Consumidor en Venezuela (INPC), elaborada por el INE y publicada por el BCV, puede estimarse el impacto del ajuste inicial propuesto a los combustibles automotores. Para lo cual, es conveniente establecerlo en una banda, cuyo límite inferior sería el impacto ponderado en los costos de transporte que resulta de los ajustes a la gasolina y al diesel, un 14,7% (Fig. 19), y su límite superior tomando el impacto mayor del ajuste en los costos de transporte a base de gasolina de alto octanaje, que resulta en un 23,9%.

Para este cálculo se asumen pesos diferenciados del factor transporte en las estructuras de costos de cada grupo de la matriz, los cuales, de acuerdo a la relevancia que la actividad tiene en cada uno, varían entre un 5% y un 15%.

En esta estimación se está considerando que todo el sector transporte va a tener el mismo impacto, consideración bastante conservadora. Por ejemplo, el transporte por carretera de productos a granel tiene una mayor eficiencia en cuanto a consumo de combustible respecto al caso que se modeló como base de cálculo (vehículos medianos en zonas urbanas e interurbanas), y prácticamente en su totalidad se lleva a cabo con vehículos pesados alimentados con diesel, sobre los que se pudo constatar que el efecto del ajuste de precios de los combustibles es de menor magnitud que en el caso de los vehículos a gasolina.

Finalmente, se puede determinar que aun cuando los ajustes de precios de los combustibles en esta primera fase luzcan porcentualmente significativos, el impacto inflacionario total, entre un 3% y un 5% puede considerarse bastante moderado dadas las magnitudes de los índices inflacionarios registrados en Venezuela durante los últimos años.

4.4 BENEFICIOS DEL AJUSTE

El mayor beneficio inmediato es la recuperación de los costos asociados a la actividad. La ventaja de poder comercializar estos combustibles de forma que se mantenga la viabilidad del negocio, disponer de recursos para afrontar la creciente demanda con las inversiones necesarias por parte de la empresa estatal PDVSA y la posibilidad del retorno a la participación del sector privado.

Otro efecto positivo de este primer ajuste es la disminución de los márgenes de oportunidad para el contrabando de extracción. Aunque el diferencial de precios respecto a países como Colombia seguiría en aproximadamente 5 a 1, los agentes de esta ilegal actividad tendrían que reducir sus expectativas de ganancias, sus clientes en Colombia se verían con un aumento en los precios del producto, y los entes de control en Venezuela pudieran contar con más recursos para neutralizar la actividad con mayor éxito. Todo esto se traduciría en una rápida reducción de los volúmenes de extracción.

En el ámbito de los consumidores en Venezuela, este ajuste estimularía una mayor eficiencia en el consumo, en especial en el caso de empresas y cooperativas con flotas de transporte de pasajeros y de carga de mercancías. Por economías de escala crecerían los incentivos al ahorro de combustible mediante el uso racional de los vehículos, el mayor aprovechamiento de su capacidad y el mejoramiento en los programas de mantenimiento preventivo. De igual modo, esto se traduce inicialmente en una reducción del consumo.

Otro efecto positivo es el relacionado al significativo estímulo que se daría al uso de combustibles alternativos como el Gas Natural Vehicular (GNV). Según cifras de PDVSA en su Informe de Gestión Anual 2011, a pesar de los esfuerzos que se vienen realizando en materia de incorporación de vehículos con sistema dual, desde las ensambladoras y mediante la conversión de vehículos operativos, que suman más de 118 mil unidades desde el año 2006 (Fig. 21), se tiene que para el año 2011 el consumo de GNV se ubicó en 5,2 millones de metros cúbicos, cifra equivalente a apenas 0,1 MBD de gasolina, y que representa únicamente el 1% de la capacidad instalada de los expendios de GNV a nivel nacional, los cuales llegaron a 223 mediante la incorporación, según PDVSA, de 53 nuevos expendios en 2011 (Fig. 22).

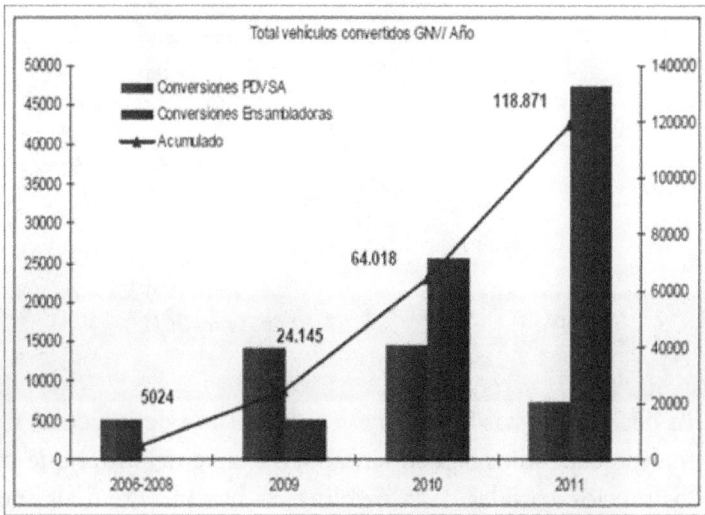

Fig.21 – Conversión vehículos a GNV entre 2006 y 2011 suma 118.871 unidades   Fuente: PDVSA - Informe de Gestión Anual 2011

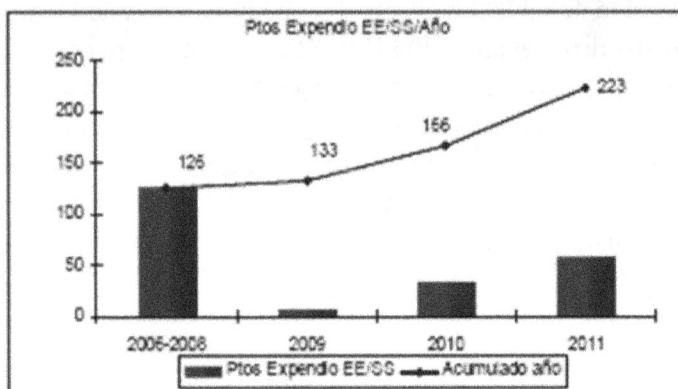

Fig. 22 – Puntos de expendio de GNV totalizan 223 en Venezuela

Fuente: PDVSA - Informe de Gestión Anual 2011

Es decir, que estas inversiones en conversión de vehículos y en nuevos expendios siguen sin aprovecharse debido a que con los precios actuales de la gasolina no hay incentivo alguno a focalizar el consumo hacia el GNV, ni siquiera de quienes ya poseen vehículos duales.

Por lo tanto, se puede estimar que con este primer ajuste en los combustibles, el parque vehicular capaz de consumir GNV podría desplazar rápidamente cerca de 10 MBD de gasolina. Otra reducción inmediata en la demanda, en este caso, equivalente a lo que se estima fue necesario importar durante todo el año 2011.

En fin, entre los beneficios inmediatos que se estiman con esta primera medida se tiene: la recuperación de costos para el desarrollo de la actividad, la reducción de la demanda por efecto del menor incentivo al contrabando, un mayor incentivo a optimizar la operación de las flotas de transporte y un mayor aprovechamiento de la infraestructura existente de expendios y de la flota que cuenta con equipamiento para consumo de GNV.

4.5 Mitigación del impacto a la sociedad

Independientemente que el impacto de esta medida inicial en los costos de las actividades de transporte de pasajeros y carga de mercancías ha sido determinado como bajo o muy moderado (debido al bajo precio actual de los combustibles) son estos dos usos de los combustibles automotores los que proveen, aun cuando de forma desigual, el mayor beneficio del subsidio a los sectores de la población de menores ingresos.

Por lo tanto, ante una nivelación de precios de los combustibles de esta magnitud, se hace necesario que el Estado brinde alguna compensación más directa a estos sectores a efectos de aprovechar el cambio hacia un mayor equilibrio en la distribución de la renta y mitigar los efectos negativos que, desde el punto de vista político, un ajuste de esta naturaleza pudiera tener y poner en riesgo la medida.

Existen otros países petroleros que tradicionalmente vendían combustibles en su mercado interno con fuertes cargas de subsidios, y que recientemente se han visto en la necesidad de emprender iniciativas para ajustar los precios de los combustibles. A pesar de beneficiarse de la renta generada por la exportación de petróleo y, en algunos casos, gas natural, en su mayoría son países con serias deficiencias en su capacidad de refinación, viéndose en la necesidad de importar gasolina y diesel para abastecer su mercado interno. Ejemplos recientes son Indonesia, Irán y Nigeria. En estos casos, el costo de la importación de productos refinados ha mermado significativamente sus presupuestos debido a los niveles de subsidio, aun con precios muy superiores en su mercado interno a los que se tienen en Venezuela. El impacto en los presupuestos de estos países ha llegado a niveles insostenibles por la necesidad de llegar a importar porciones significativas de los volúmenes que demandan internamente, situación a la que pareciera que Venezuela se acerca peligrosamente.

El caso que más ha llamado la atención en los últimos años debido a los elevados costos de sus subsidios, no sólo en cuanto a los combustibles, sino en la electricidad y en algunos alimentos básicos, es Irán. Y éste es el caso al cual es ilustrativo referirse porque, al igual que Irán, tanto Nigeria como Indonesia se han visto obligados a emprender ajustes recientes, pero los han llevado a cabo sin efectuar compensaciones o tomar medidas adecuadas de mitigación y control para minimizar el impacto de estos aumentos en los sectores menos favorecidos de la sociedad. Esto ha causado serios inconvenientes sociales, brotes de violencia y abusos en los niveles de precios de bienes y servicios, viéndose obligados a la modificación y diferimiento de parte de las medidas de ajuste de precios, especialmente en Nigeria.

Otro país con una industria petrolera de magnitud similar a la de Venezuela es Méjico, y éste, al igual que los países antes mencionados, también tiene que importar combustibles para abastecer su mercado interno. Méjico importa cerca del 40% de la gasolina que consume, sin embargo, desde 1976 ha logrado mantener precios de venta al público acordes con el mercado internacional, lo cual permite que la importación de combustibles no tenga impactos significativos en su presupuesto.

4.6 EL CASO IRANÍ

Para el año 2010 Irán tuvo que proveer subsidios por casi 70 mil millones de US$ para mantener los precios de la energía en su mercado interno (gasolina, gas, carbón y electricidad) entre los más bajos del mundo. Como referencia, el precio de la gasolina de alto octanaje se encontraba en 0,10 US$/litro en 2010 (5 veces mayor al precio actual en Venezuela), pero tenía que importarla casi en su totalidad, a cerca de 2,00 US$/litro. En la siguiente gráfica (Fig. 23), tomada del Papel de Trabajo del Fondo Monetario Internacional publicado en julio 2011, *Iran-The Chronicles of The Subsidy Reform*, se puede comparar la magnitud de los subsidios a los combustibles en diferentes países, resaltando Irán, cuyos subsidios a los combustibles líquidos, al gas y a la electricidad, por casi 65 mil millones de US$, representan más del 20% de su PIB para 2009. Venezuela, en línea con lo referido en las secciones anteriores, concentra la mayor parte del subsidio en los combustibles líquidos, el cual superaba los 10 mil millones de US$ para 2009, cerca del 3% de su PIB.

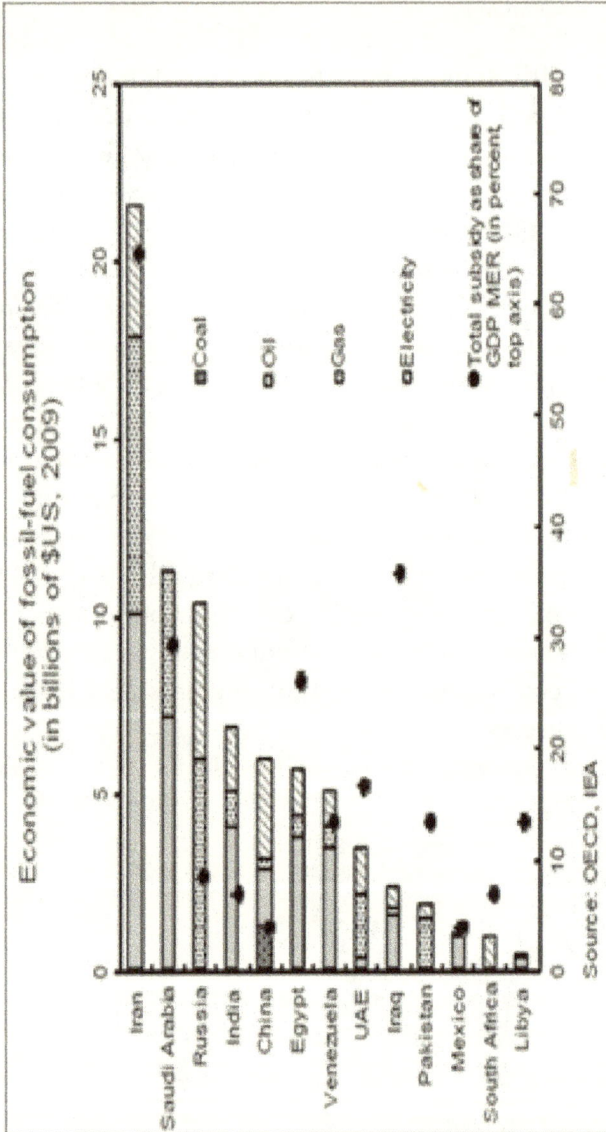

Fig.23 – Valor económico consumo de combustibles en países con subsidios - 2009

Fuentes: IMF, OECD, IEA

Ante la insostenibilidad de la situación, el gobierno de Irán emprendió, a partir de diciembre de 2010, un plan agresivo de ajustes de precios de combustibles, electricidad, servicio de agua y alimentos básicos.

Existe variada documentación sobre este plan de ajustes. De acuerdo a la información disponible al mes de julio de 2012, en el sitio web *http://en.wikipedia.org/wiki/Iranian targeted subsidy plan*, en su primera fase, el gobierno de Irán estableció un aumento significativo de los precios de los combustibles, pasando el precio de la gasolina de 0,10 a 0,40 US$/lt, para volúmenes controlados (hasta 60 litros mensuales), y a 0,70 US$/lt para volúmenes mayores ilimitados. Este esquema dual fue factible de implantar debido a que en el año 2007 el gobierno ya había instrumentado el racionamiento en el consumo de combustibles automotores mediante el uso de dispositivos electrónicos en los vehículos, los cuales ahora, con los nuevos esquemas de precios, le permitían mantener 2 precios para la gasolina automotor. En el caso del diesel, según la misma fuente antes referida, el aumento inicial fue aun mucho más agresivo, pasando de 0,06 US$/galón, a 0,60 US$/galón para volúmenes controlados, y 1,40 US$/galón para volúmenes ilimitados.

El objetivo de este plan es alcanzar precios equivalentes al 90% del precio FOB Golfo Pérsico para el año 2015, o sea, el 90% del precio al cual Irán tenga que importar dichos combustibles.

Según informes recientes del gobierno iraní, citados en la misma fuente, esta medida ha reducido, hasta octubre de 2011, el consumo de combustibles líquidos, dependiendo del tipo, entre un 4 y un 19%, gracias en parte a la mayor utilización del gas natural comprimido (GNC) en vehículos, lo que en Venezuela es el GNV.

Volviendo al aspecto de los impactos sociales, lo importante de esta iniciativa es la magnitud y el alcance de las compensaciones que el gobierno de Irán proporcionó a la población. En este caso, las medidas de compensación eran imprescindibles debido al alcance de los subsidios a ser reducidos (energía, alimentos, servicios públicos, etc.) y a la magnitud de los ajustes. Desde la primera fase de ajustes se proporcionó una compensación en efectivo a cerca del 90% de las familias. Un subsidio directo que se comenzó a depositar en cuentas bancarias dos meses antes de decretarse el ajuste de precios, y que sucesivamente se deposita cada dos meses. El monto de estas compensaciones es de aproximadamente US$ 40 mensuales por cada habitante, cifra que aun cuando luce reducida en comparación con los potenciales impactos de todos los ajustes, provee una distribución más equitativa al llegar directamente a los sectores sociales de menores ingresos.

Además de estas compensaciones directas a las familias, el gobierno instrumentó ayudas e incentivos parecidos a empresas e industrias que se consideraban más afectadas, con la finalidad principal de aumentar su eficiencia energética y reducir el consumo de energía.

En total, las compensaciones que aprobaron y se comenzaron a distribuir se encuentran en el orden de 40 mil millones de dólares anuales, cifra que, según lo que informan las autoridades iraníes, se cubre satisfactoriamente con los aumentos de los ingresos por venta de combustibles y electricidad, y con el ahorro en los gastos de importación de combustibles.

Sin embargo, debe reconocerse que existe una justificada preocupación por el aumento de la inflación que estas medidas puedan estar causando, cómo podrán controlarse tantos elementos de costo asociados a los múltiples sectores que abarcan los ajustes, y por el riesgo de que las compensaciones sean utilizadas como arma política contra los sectores opositores de la población.

A pesar de estos factores de riesgo, el Fondo Monetario Internacional ha venido prestando apoyo y asesoría para llevar adelante el plan, manifestando de igual modo que los impactos inflacionarios de las medidas lucen manejables. Hasta el momento, la información disponible es que el plan sigue en marcha con satisfactorios niveles de aceptación.

4.7 Medidas compensatorias aplicables en Venezuela

En el caso de Irán, el objetivo principal al que apuntan estas medidas de ajuste es reducir los niveles de consumo, así como erradicar el contrabando de extracción; con ello, lograr un elevado ahorro en la importación de combustibles y estimular un uso más eficiente de la energía, de forma que a mediano plazo esa mayor eficiencia proporcione mayor competitividad a la industria y mayor crecimiento económico.

El caso de Venezuela es diferente; dispone de una capacidad de producción de productos refinados que aun le permite satisfacer una importante porción del mercado interno. Sin embargo, el problema con los precios de los combustibles es que éstos se encuentran muy por debajo de los costos de producción, causando pérdidas crecientes y deteriorando la autonomía energética que hasta hace pocos años se tenía. De no tomarse medidas inmediatas, el país podría entrar irremediablemente en la situación de no poder abastecerse, y verse en la necesidad de importar cuantiosos volúmenes de gasolina y diesel de forma permanente.

Por otro lado, se observa que el mayor problema de los subsidios radica en los combustibles de uso automotor. Es por ello que en una primera etapa deben tomarse medidas inmediatas de ajuste de sus precios a fin de cubrir los costos de producción, manejo, transporte y comercialización. En una segunda etapa ir nivelando sucesivamente los precios con el objetivo de incentivar el crecimiento del sector, racionalizar los consumos, incentivar la oferta y las opciones de transporte de carga y pasajeros, y eliminar el incentivo para el contrabando de extracción.

Visto que el nivel distributivo que actualmente presenta el esquema de subsidio implícito no provee un reparto equitativo en la sociedad, se hace necesario instrumentar un esquema de subsidio directo a los usuarios, ya sea mediante dinero en efectivo o mediante ayudas para facilitarles los medios de transporte, a fin de poder ajustar precios sin caer en mecanismos discriminatorios o sistemas que puedan prestarse para manejos ilegales y lucro de sectores muy particulares.

El uso de mecanismos de racionamiento como paliativo para mitigar el consumo, en especial en zonas fronterizas, no es recomendable ya que se pasa al manejo de precios duales y volúmenes controlados que deberán establecerse en forma diferenciada en función del uso del combustible, del tipo de vehículo e incluso de la localidad dónde se vayan a establecer. La colocación de dispositivos electrónicos en los vehículos para ejercer controles de despacho de combustibles en las estaciones de servicio, además de ser una medida que inclina más la balanza a favor de los sectores de mayores ingresos por ser éstos los que más vehículos poseen en promedio, genera mucha desconfianza en la población y se presta irremediablemente a tráfico de influencias y manejos ilícitos en la distribución, instalación y seguimiento de estos dispositivos. Por lo tanto, la medida debe apuntar a precios únicos por tipo de combustible y compensaciones directas a los sectores que más lo justifiquen.

Volviendo al estudio de la distribución de los subsidios analizado en el apartado 3.4, de acuerdo a los valores mostrados en la Fig. 16 se puede determinar, por ejemplo, que el 43% de las familias de menores ingresos (que agrupan cerca del 55% de la población) actualmente se benefician con un 21,7% de los subsidios implícitos, mientras que el restante 57% (la porción de mayores ingresos y con menos de la mitad de la población) percibe el 78,3% de los beneficios. Por lo tanto, a fin de mejorar esta distribución, es razonable que esa porción de familias menos favorecidas fuese destinataria de las compensaciones que, a efectos de equilibrar los precios de los combustibles con sus costos, se justifique otorgar para compensarles el aumento de tarifas de transporte. Otra manera de hacerlo sería determinar el monto de la ayuda a fin de compensarles el efecto inflacionario que se estime por el referido ajuste de precios, en la primera fase del plan.

Esto no quiere decir que el sector de mayores ingresos no seguirá beneficiándose, ya que aun cuando los precios se ajusten en los términos referidos en esta primera etapa, el precio de los combustibles seguirá siendo substancialmente menor al costo de oportunidad de exportación, de manera que seguirá existiendo un subsidio implícito hasta tanto las siguientes etapas de ajustes se instrumenten y se concluya con un equilibrio más acorde con los precios de mercado.

A modo de ejercicio, se elaboró una estimación de lo que debería ser una compensación directa para las familias menos favorecidas. Para ello se determinó, con base en la *"III Encuesta Nacional de Presupuestos Familiares"* (ENPF) 2005, publicada por el BCV, cuál es la estratificación de las familias según los cinco grupos socioeconómicos establecidos, estratos I, II, III, IV y V, correspondiendo el I al grupo más rico y el V al más pobre (pobreza extrema). De esta manera se proyectó, al año 2012, el número de familias que se estima conformen cada estrato socioeconómico, con base en la estructura porcentual de 2005.

Esta proyección se contrastó con las cifras que se indican en el trabajo *"Más allá de la renta petrolera y su distribución. Una política social alternativa para Venezuela"*, elaborado por Luis Pedro España y publicado en junio de 2010, en el que, con base en la *"Encuesta sobre la Pobreza en Venezuela. ACPES-UCAB"* (Asociación Civil Para la Promoción de Estudios Sociales - Universidad Católica Andrés Bello), 2007, se indica el número de personas que para el año 2007 conformarían cada estrato socioeconómico, a fin de poder estimar una banda en el alcance y monto de las compensaciones que pudieran requerirse con el propósito de abarcar adecuadamente los sectores más necesitados de la población.

Producto de este análisis, cuyos resultados se muestran en la Fig. 24, se determinó que el número de familias pertenecientes a los estratos IV y V que, en lo que se denomina "caso base", pudiesen estar en condición incuestionable de recibir esta ayuda, llegarían, en 2012, a cerca de 1,9 millones. Sin embargo, el número de habitantes que se corresponde con este número de familias pudiera estar por debajo de los que se indican en los estudios de ACPES-UCAB como población en condición de pobreza y de pobreza extrema, razón por la cual, se elaboró un "esquema ajustado" para el alcance de la compensación económica, en el cual se plantea llevarla a casi 2,8 millones de familias, por supuesto, incrementando el monto total que se debería destinar para dicha compensación. Este número de familias, de acuerdo al ejemplo previamente comentado, representa el 43% de los hogares estimados para 2012, y el número de habitantes representaría aproximadamente un 55% de la población.

Uno de los efectos distributivos más importantes de este esquema de compensación directa es que se aumenta la equidad en la distribución que provee el actual esquema de subsidio implícito.

ESCENARIOS DE COMPENSACIÓN PARA LA FASE I	Caso base	Esquema ajustado
Salarios mínimos promedio por hogar	2.2 (promedio estratos IV y V)	2.8 (promedio estr. IV, V y 30% estr. III)
Cantidad hogares a compensar (miles)	1931 (estratos IV y V)	2799 (estr. IV, V y 30% estr. III)
% de hogares	29%	43%
% habitantes	43%	55%
% compensación (referido a los ingresos)	5%	4%
Monto promedio por hogar (Bs/mes) (*)	228,09	228,09
Monto compensación total anual (millones de Bs)	5284	7662
Monto compensación total anual (millones de US$)	1229	1782
Ingresos adicionales por venta de combustibles (millones de US$/año)	4086	4086
Reducción en el consumo por uso de GNV, aumento de eficiencia y mitigación contrabando (MBD)	32	32
Ingresos adicionales por exportación excedentes (millones de US$/año)	1738	1738
Ingresos adicionales totales (millones de US$/año)	5824	5824
Ingresos netos adicionales después de compensaciones (millones de US$/año) (*)	**4595**	**4042**

(*) Bs y US$ a Julio 2012

Fig.24 – Escenarios de compensación económica al ajuste inicial de precios de combustibles automotores (Fase I)
Fuente: cálculos propios con base en data BCV – ENPF 2005, Encuesta ACPES-UCAB, 2007

La compensación promedio de Bs. 228,09 mensuales se determinó con base en el efecto inflacionario promedio de esta primera fase de ajustes, que se ubica de 3% a 5% (Fig. 20). Para el caso del "esquema ajustado", referido al universo de 2,8 millones de familias que corresponde a la totalidad de los estratos IV y V, más una porción de un 30% de los hogares de estrato III, su ingreso promedio se ubicaría, de acuerdo a los indicadores de la III ENPF 2005, en aproximadamente 2,8 salarios mínimos. Por lo tanto, la compensación planteada en este ejercicio representaría un 4% de dichos ingresos, de acuerdo a la cifra de salario mínimo prevista a ser instrumentada a partir de septiembre de 2012, equivalente a 2047,52 Bs. mensuales.

De acuerdo a la distribución mostrada en la Fig. 16, el 43% de los hogares de menores ingresos, aproximadamente 2,8 millones de familias correspondientes al escenario del esquema ajustado, actualmente perciben un 22% del subsidio implícito, es decir cerca de 900 millones de US$ anuales, considerando el subsidio referido al costo de producción y de venta de los combustibles líquidos en Venezuela, de 4148 MMUS$ en 2011 (Fig. 7), mientras que con esta compensación directa ese 43% de los hogares percibiría casi el doble de esa cantidad, es decir 1782 millones de US$ anuales, y en dinero en efectivo.

Además, ese mismo grupo de familias favorecidas por esta compensación, seguiría percibiendo la parte del subsidio implícito que, respecto a los costos de oportunidad de exportación, continuaría presente después de este primer ajuste.

Finalmente, en la Fig. 24 puede observarse que en el "esquema ajustado" de la compensación, aun cuando éste requiere cerca de 550 millones de US$ anuales adicionales en subsidios directos respecto al "caso base", el aumento de los ingresos por ajuste de precios, más los ingresos adicionales por el combustible automotor que podría liberarse para exportación, permitiría un ingreso adicional neto anual de más de 4000 millones de US$ para la industria petrolera, monto cercano a los costos de producción y venta de la cesta de hidrocarburos líquidos en el mercado interno, que hoy no se recuperan. Otras modalidades de compensación podrían ser consideradas de igual modo. Algunas de ellas podrían focalizar las compensaciones en sectores más específicos de la población, como estudiantes, personas de la tercera edad, madres solteras desempleadas, personas discapacitadas, etc. que pudiesen otorgarse de forma directa, o a través de tarjetas o bonos de transporte. Sin embargo, su factibilidad y equidad dependerá de la calidad de las bases de datos que puedan ser levantadas y de su constante actualización.

En cuanto a los montos de compensación, si bien éste es un ejercicio para demostrar que si es factible llegar a niveles razonables de ayuda y recuperar el terreno perdido en cuanto a los costos de los hidrocarburos, el gobierno podrá establecer montos superiores de considerarlo necesario, e incluso, extender la ayuda a un universo más amplio de la población. Sin embargo, lo importante es que esto sea llevado a cabo sin mermar los ingresos necesarios de la empresa petrolera, responsable del suministro de combustibles, en este caso PDVSA, a fin de poder contar con los recursos para rescatar y poner al día la ejecución de los proyectos necesarios para incrementar la producción y la capacidad de distribución de hidrocarburos líquidos en el país.

4.8 FASES SUBSIGUIENTES DE AJUSTE (FASES II Y III)

Una vez concretada la primera fase de los ajustes de precios, e instrumentado el esquema de subsidios directos, es importante considerar que tanto los precios como las compensaciones deben ir ajustándose oportunamente de acuerdo al efecto inflacionario sobre los elementos de costos que inciden en la actividad.

Sin embargo, no debe perderse de vista que la estrategia debe apuntar, a mediano plazo, a alcanzar niveles de precio que puedan equilibrar de mejor manera el diferencial respecto a los mercados en países vecinos, dotar a la actividad de unas economías capaces de atraer mayores inversiones por parte del sector privado e incentivar en mayor grado el uso racional y la eficiencia energética en todas las actividades productivas.

Lo anterior redundará en la erradicación del contrabando de extracción, en un mayor crecimiento económico y generación de empleos en este sector, y en la racionalización en el consumo interno, permitiendo el uso de energías alternativas, menores emisiones contaminantes e ingresos adicionales de divisas por mayores volúmenes de exportación de hidrocarburos refinados.

En resumen, el proceso de ajustes de precios se puede visualizar en tres fases bien diferenciadas, la primera es la más importante por ser la que debe ganarse el visto bueno de la población y porque deberá proveer los recursos para sentar la recuperación de las inversiones por parte de PDVSA, reactivar el uso del GNV y propiciar la eficiencia energética.

Posteriormente, dos fases inmediatas cuyo primer objetivo es que el precio promedio alcance niveles de cesta de exportación de hidrocarburos, el cual sería equivalente a ajustar el precio promedio de los combustibles, en términos reales, al mismo nivel de 1996, y posteriormente alcanzar el equilibrio respecto a los niveles de precios de los productos refinados a nivel internacional.

La Fig. 25 resume la visualización del plan de ajustes de precios por etapas, indicando los plazos, los alcances y los objetivos de cada fase.

PROPUESTA DE AJUSTE DE LOS PRECIOS DE LOS COMBUSTIBLES AUTOMOTORES

FASE	ALCANCE	LAPSO	OBJETIVOS
I	Ajuste de precios a costo de producción y venta	Aumento de precios promedio 1038%. Instrumentación de compensaciones directas a familias estratos IV, V y parcialmente estrato III	Inmediato, Noviembre 2012 - Abril 2013	Recuperación costos, reactivación GNV, disminución demanda, minimizar / eliminar importaciones de gasolina
II	Ajuste de precios a nivel cesta de hidrocarburos exportación	Aumento aproximado de 15% trimestral (sobre los ajustes por inflación / tasa de cambio). Ajuste y ampliación de compensaciones directas a la sociedad (74% de los hogares)	Durante 2 años, a partir de Enero 2014	Consolidación GNV, incursión vehículos híbridos-eléctricos, minimizar contrabando, potenciar inversiones sector privado
III	Ajuste de precios a nivel de exportación / importación de productos refinados	Aumentos / reducciones trimestrales de precios en función de cotización de mercado internacional (sobre los ajustes por inflación / tasa de cambio). Continuación de los esquemas de compensación directa, ampliados al 80% de hogares.	A partir de Enero 2016	Madurez del mercado, sostenibilidad y liberación del negocio, libre competencia

Fig.25 – Visualización por fases del proceso de ajuste de precios combustibles automotores

La idea es que a medida que se avanza a la siguiente fase, se ajusten y se amplíen los sistemas de subsidio directo de forma que la sociedad pueda percibir los beneficios que le corresponden como parte de la renta petrolera, pero en este caso con una distribución mucho más equilibrada. La visión es que, en un plazo de 3 a 4 años, la actividad pueda alcanzar un nivel de madurez y sostenibilidad que permita abrirla a la libre competencia.

	Resultados estimados del Plan de Ajuste al final de cada fase (con base en volúmenes 2011)		
	FASE I	FASE II	FASE III
Precio Promedio (US$/litro)	0,21	0,64	0,95
Precio Promedio (Bs Julio 2012/litro)	0,92	2,75	4,09
Reducción estimada de la demanda (MBD)	32	48	71
Ingresos adicionales totales por ajustes (millones de US$/año)	5824	15074	21252
Cantidad de hogares a compensar en miles (de acuerdo a estimado población 2012)	2799	4878	5235
% de hogares	43%	74%	80%
% habitantes	55%	84%	87%
Costos a compensar de la actividad (millones de US$/año)	4042 (97%)	4148 (100%)	4148 (100%)
Monto potencial para compensaciones (millones de US$/año)	1782	10926	17104
Monto promedio por hogar (Bs/mes)	228,09	802,57	1170,81

Fig.26 – Simulación de resultados para cada fase de ajustes en precios de combustibles automotores (con base en volúmenes 2011)

A fin de mostrar cómo el desarrollo de este plan puede generar una distribución de beneficios con substanciales compensaciones para la mayor parte de las familias, la Fig. 26 muestra un ensayo que simula los resultados al final de cada fase de ajustes. Los cálculos fueron efectuados con base en: los volúmenes de venta de gasolina y diesel automotor de 2011, en las disminuciones estimadas de la demanda por los efectos de mayores incentivos a la eficiencia energética y mitigación del contrabando, en los costos que actualmente deben ser acarreados por la empresa estatal PDVSA para producir y distribuir la totalidad de los combustibles líquidos, y en la cantidad estimada de familias de acuerdo a la población en Venezuela según los resultados preliminares del Censo 2011, publicados por el INE.

A continuación se muestra un ejercicio de consistencia y validación de los resultados de este ensayo a fin de demostrar la viabilidad del proyecto en cuanto a las metas, los efectos de los ajustes y el alcance de las medidas compensatorias en forma de subsidios directos.

	Efectos del Plan de Ajuste en cada fase		
	FASE I	FASE II	FASE III
Precio Promedio (US$/litro)	0,21	0,64	0,95
Precio Promedio (Bs. año 2012/litro)	0,92	2,75	4,09
Precio ajustado gasolina alto octanaje (Bs. año 2012/litro)	1,05	2,85	4,20
Precio ajustado gasolina bajo octanaje (Bs. año 2012/litro)	0,75	2,60	3,95
Precio ajustado diesel (Bs. año 2012/litro)	0,75	2,60	3,95
Impacto inflacionario estimado (sobre misma base INPC)	3% - 5%	10% - 14%	15% - 21%
Monto compensación por hogar (Bs/mes)	228,09	802,57	1170,81
Ingresos promedio hogares compensados (salarios mínimos)	2,8	3,3	3,5
Incremento ingresos por efecto de la compensación (%)	4%	12%	16%

Fig.27 – Ejercicio de consistencia y validación de la propuesta de ajustes de precios de los combustibles automotores

La propuesta de precios y los resultados de la primera fase fueron analizados ampliamente, concluyéndose que su aplicación debe ser inmediata e iniciar del mismo modo la aplicación de las medidas compensatorias.

La Fase II conlleva un ajuste de precios de combustibles que de aplicarse hoy, generaría un aumento en los costos de transporte entre un 49% y un 69%, calculado de manera similar al ejercicio de la primera fase cuyos resultados se muestran en la Fig. 19. Este efecto en los costos de transporte generaría un efecto inflacionario lógicamente mayor al que se causa con los ajustes propuestos en la Fase I, llegando en este caso a un rango entre 10% y 14%, sin embargo, esta segunda fase se plantea ejecutarla de forma gradual ya que los costos de producción y de venta fueron recuperados mayormente en la Fase I. En esta Fase II los beneficios de la compensación a cada familia aumentan significativamente, y se podrían extender a un universo de la población que llegaría al 84%. El hecho de que la compensación mensual propuesta a cada familia represente un incremento del 12% de los ingresos promedio de este universo de hogares demuestra la consistencia del beneficio compensatorio propuesto en relación al impacto inflacionario de la medida de ajuste.

En la Fase III siguiendo el mismo análisis, se demuestra que sí es viable equilibrar los precios de los combustibles automotores a nivel de mercado internacional, como ocurre con la mayoría de los bienes y servicios básicos que hoy se demandan y se consumen en el país. De esta manera, como ya se ha comentado, se erradicarían las distorsiones que generan fenómenos como el contrabando de extracción y el derroche de combustibles, se estimularía una importante participación de empresas privadas en la actividad, se crearían con ello miles de empleos y se podría plantear la apertura de la actividad a la libre competencia.

Capítulo 5
Elementos clave del éxito

Tanto para la fase de definición como para la implantación de un plan de esta naturaleza, es muy recomendable poner en práctica el concepto de Gerencia de Proyectos, el cual se ha convertido en la herramienta básica para llevar a cabo de manera exitosa planes de desarrollo en múltiples áreas en las que se deben controlar diferentes variables como tiempo y recursos, así como una medición realista de los riesgos que las diferentes fases conllevan.

La culminación exitosa de este proyecto depende de una planificación cuidadosamente elaborada que permita establecer la organización y las tareas que abarquen todo el espectro de actividades y organizaciones, empresas y gremios que prestan servicios íntimamente vinculados con la actividad de transporte terrestre, así como el proceso de comunicación al colectivo, de manera que el mensaje sea transmitido correctamente a la sociedad y pueda ser lo suficientemente robusto para hacer frente a las presiones políticas y a los intereses particulares que pudieran verse afectados.

5.1 Diagnóstico y establecimiento de metas

En primer lugar, debe establecerse un plan de trabajo para determinar la situación real de la industria petrolera y de la actividad de suministro de combustibles al mercado interno, a fin de cuantificar capacidades de producción, costos y magnitudes de fenómenos como el contrabando de extracción, e ineficiencias y pérdidas volumétricas en la cadena de suministro. En este plan debe incluirse el GNV a fin de dimensionar la capacidad actual de suministro y de expendio en las estaciones de servicio, así como la capacidad de los talleres para conversión de vehículos.

Producto de este diagnóstico, deberán emprenderse, a la brevedad, las acciones necesarias para recuperar la capacidad de suministro de GNV y de conversión de vehículos que hayan podido afectarse; esto debido a que el GNV va a constituirse en una herramienta muy valiosa a fin de ofrecer a los usuarios una opción real, mucho más económica, como alternativa de combustible vehicular.

Seguidamente se deben establecer las metas definitivas de ajuste de precios en los combustibles y validar el impacto de las mismas en las actividades de transporte terrestre.

5.2 ESTRATEGIA COMUNICACIONAL

Se debe iniciar una campaña divulgativa por diversos medios para informar a la colectividad la situación real de la industria petrolera, y en especial la relativa a la producción de combustibles, a fin de sensibilizarla sobre el costo de la actividad y el valor real que los hidrocarburos proveen a la sociedad. Contrastar sus precios de venta con relación a otros productos y explicar cuál es la verdadera distribución de los beneficios que provee el actual esquema de subsidios, que como herramienta de distribución de la renta petrolera, no está siendo lo necesariamente equitativa al favorecer en mayor grado a sectores minoritarios de la sociedad. Explicar cómo la distorsión de precios se refleja en la conducta de los consumidores y estimula fenómenos como el contrabando de extracción, el cual además de ser una actividad ilegal, repercute directamente en la capacidad de abastecimiento al mercado interno, afectando al consumidor.

La campaña divulgativa debe incorporar mensajes sobre la necesidad de aumentar la eficiencia energética, sobre los niveles actuales de emisiones contaminantes y las consecuencias de ello en la salud pública.

Debe ser intensiva, utilizando los medios tradicionales de radio y TV, tanto públicos como privados, mensajería electrónica y telefónica de múltiple difusión, así como variados sitios web; el de PDVSA, institucionales y también sitios especialmente creados para el proyecto. El mensaje debe estructurarse en diversas modalidades como programas explicativos en TV de moderada duración, espacios publicitarios con mensajes apropiadamente direccionados para temas puntuales, y en forma de "tips" y mensajes cortos a ser transmitidos por medios electrónicos y telefónicos.

En paralelo, debe llevarse la campaña a escuelas, liceos y universidades de forma que se reserven ciertos espacios académicos para presentar videos y efectuar exposiciones a los estudiantes en materia de eficiencia energética, ambiente, salud y conductas que deben instrumentarse por parte de los consumidores.

Una vez determinados los efectos en los costos del transporte, debe iniciarse un ciclo de reuniones con las empresas y gremios de transporte público a fin de fijar los correctos ajustes de tarifas que deberán establecerse una vez instrumentada la primera fase. De igual modo, debe llevarse a cabo un proceso de comunicación y de intercambio con los gremios empresariales a fin de ir comunicando el alcance de la medida y los resultados de los acuerdos relacionados al transporte público, con el objeto de que adelanten medidas y procesos de optimización en los componentes de transporte terrestre dentro de sus respectivos procesos productivos.

Dentro de la organización del proyecto debe designarse un grupo especializado a cargo de determinar la base de datos de los beneficiarios de las compensaciones o subsidios directos y de diseñar el sistema de manejo de cuentas y de depósitos que deberán establecerse en cooperación con la banca pública y privada.

Finalmente, una vez determinados todos los parámetros vinculados de este primer ajuste de precios, la campaña divulgativa debe informar a la población el plan de ajustes y de compensaciones, así como las medidas de ajuste de tarifas de transporte público que corresponderían a la Fase I del proyecto, y de igual modo, el programa de ajustes y compensaciones, a título cualitativo, que corresponderían a las Fases II y III.

Esto último podrá ayudar a confirmar los niveles de aceptación y las posibles medidas de reacomodo o modificaciones que deban incorporarse al plan a fin de cubrir todas las aristas socioeconómicas que sean necesarias para la instrumentación exitosa de la medida.

5.3 Estrategia Fases II y III

Una vez instrumentados los ajustes y compensaciones de la Fase I, tanto la campaña divulgativa como el trabajo conjunto con los transportistas y los gremios empresariales debe continuar bajo el mismo esquema para las Fases II y III, y mantenerse ininterrumpidamente a medida que se vayan instrumentando los ajustes parciales de cada fase, sin perder de vista y controlando que los aumentos en los pasajes y los efectos que se causen en los índices de precios sean adecuados a los parámetros de costo previamente establecidos.

Es importante destacar la incorporación, desde el principio y hasta la culminación del proyecto, de un grupo especializado para asegurar que las facilidades de suministro de GNV y los talleres de conversión estén preparados para absorber apropiadamente el aumento de la demanda. Esto es de vital importancia ya que una vez se concrete la Fase I, la casi totalidad de los vehículos que a la fecha están equipados para el uso de GNV, van a comenzar a demandar este combustible, y éste deberá mantener un diferencial de precios significativo respecto a la gasolina y al diesel, a fin de consolidar su utilización como sustituto definitivo en esta porción de la flota de vehículos. Asimismo, deberá acordarse con los talleres privados una estructura de precios para la conversión de vehículos y para la recuperación de aquellos que en alguna oportunidad fueron convertidos y que ahora necesitarían re-equiparse.

En resumen, esta iniciativa deberá planificarse de forma tal que la sociedad perciba la urgente necesidad de cambio del esquema actual, que esos cambios permitirán una mejora en la situación del suministro e incentivarán crecimiento económico, y lo más importante, que se sienta incorporada en los procesos de toma de decisiones.

REFERENCIAS Y BIBLIOGRAFÍA

AGENCIA INTERNACIONAL DE LA ENERGÍA (International Energy Agency - IEA): *Oil Market Report*, mayo 2012

BANCO CENTRAL DE VENEZUELA (BCV): *Información Estadística*, http://www.bcv.org.ve/c2/indicadores.asp, julio 2012

BANCO CENTRAL DE VENEZUELA (BCV): Gerencia de Estadísticas Económicas, *III Encuesta Nacional de Presupuestos Familiares (ENPF) 2005, Principales Resultados*, julio 2007

CENTENO, Julio César: *El cambio climático azota a Venezuela*, http://www.ecoportal.net/Temas_Especiales/ Cambio_Climatico/El_cambio_climatico_azota_a_Venezuela, 22 de enero 2011

ESPAÑA, Luis Pedro: *Más allá de la renta petrolera y su distribución. Una política social alternativa para Venezuela*, publicado por el Instituto Latinoamericano de Investigaciones Sociales (ILDIS), www.ildis.org.ve, junio 2010

GARCÍA, Gustavo y SALVATO, Silvia: *EQUIDAD DEL SISTEMA TRIBUTARIO Y DEL GASTO PÚBLICO EN*

VENEZUELA, publicado por la Comunidad Andina de Naciones (CAN), http://www.comunidadandina.org/public/ libro_EquidadFiscal_venezuela.pdf, septiembre 2005

GONZÁLEZ C., Diego: *El Sistema Internacional de Regalías Petroleras para 2010*, Barriles de Papel No 87, http://www.petroleum.com.ve/barrilesdepapel/___, febrero 2012

GONZÁLEZ C., Diego: *Una Salida al Subsidio de la Gasolina*, Barriles de Papel No 92, http://www.petroleum.com.ve/barrilesdepapel/, julio 2012

GONZÁLEZ P., Enrique: *Ambiente, Energía y Economía*, www.eumed.net/rev/cccss/02/ergp.htm, septiembre 2008

GUILLAUME, Dominique; ZYTEC, Roman y FARZIN, Mohammad: *Iran–The Chronicles of the Subsidy Reform*, IMF Working Paper WP/11/167, International Monetary Fund, julio 2011

HERNÁNDEZ, Nelson: *Precios de las Energías en Venezuela*, http://gerenciayenergia.blogspot.com /2012_05_01_archive.html, mayo 2012

HERNÁNDEZ, Nelson: *Situación Operativa de la industria Venezolana de los Hidrocarburos*, V Jornadas Pensar en Venezuela, Colegio de Ingenieros de Venezuela, mayo 2012

INELECTRA S.A.C.A.: *40 años de Proyectos 1968-2008*, mayo 2009

INSTITUTO NACIONAL DE ESTADÍSTICAS - Venezuela (INE): *Primeros Resultados Censo 2011*, febrero 2012

INSTITUTO NACIONAL DE ESTADÍSTICAS - Venezuela (INE): *Parque Automotor de Venezuela periodo 2000 - 2008,* http://www.ine.gov.ve/documentos/Ambiental/ PrincIndicadores/html/ambien_medioAmbiente_2.html, julio 2012

MINISTERIO DE ENERGÍA Y PETRÓLEO – Venezuela (MENPET): *Petróleo y Otros Datos Estadísticos - PODE 2007-2008*

OLIVEROS, Asdrúbal. *Sobre el incómodo subsidio a la gasolina,* http://prodavinci.com/2011/09/12/economia-y-negocios/ sobre-el-incomodo-subsidio-a-la-gasolina-por-asdrubal-oliveros/, 12 de septiembre, 2011

ORGANIZACIÓN DE PAÍSES EXPORTADORES DE PETRÓLEO (Organization of the Petroleum Exporting Countries – OPEC): *Monthly Oil Market Report,* mayo 2012

PDVSA Gas, S.A.: *Plan Integral del Negocio,* 2006

Petróleos de Venezuela, S.A. (PDVSA): *Informe de Gestión Anual 2009*

Petróleos de Venezuela, S.A. (PDVSA): *Informe de Gestión Anual 2011*

Petróleos de Venezuela, S.A. (PDVSA): *Planes Estratégicos 2005-2012, La Siembra Petrolera,* 2005

RAMÍREZ I., Lílido: *El Parque Automotor en la República Bolivariana de Venezuela 1990-2011, Estratos Medios de la*

Población y Elecciones 2012, Universidad de Los Andes (ULA), diciembre 2011

SILVA A., **Alberto:** *Gerencia de Proyectos III,* Universidad Metropolitana (UNIMET - Caracas), 2007

Referencias de Prensa

http://www.el-nacional.com/noticia/22116/18/
Deficit-de-gasolina-alcanza-40-000-barriles-por-dia.html
Déficit de gasolina alcanza 40.000 barriles por día
ANDRÉS ROJAS JIMÉNEZ, Diario El Nacional
11 de febrero de 2012

http://odoardolp.blogspot.com
El petróleo y el mercado interno
ODOARDO LEÓN PONTE, Diario El Universal
12 de junio de 2012

http://venezuelareal.zoomblog.com/archivo/2007/01/23/
pdvsa-pierde-1-millardo-de-dolares-anu.html
PDVSA pierde 1 millardo de dólares anuales en la venta de gasolina
JOSÉ SUÁREZ NÚÑEZ / CORINA RODRÍGUEZ PONS, Diario El Nacional
23 de enero de 2007

http://economia.noticias24.com/noticia/51680
El costo del combustible: Venezuela pierde US$ 1.500 millones al año por subsidio a la gasolina
Noticias24.com, Actualidad Económica, Con información de AVN y Reuters

13 de febrero de 2011

http://www.agenciadenoticias.luz.edu.ve/index.php?
option=com_content&task=view&id=3167&Itemid=154
Venezuela pierde 77 mil barriles de gasolina diarios por contrabando
HARRYS RONDÓN, Agencia de Noticias de La Universidad del Zulia (LUZ)
20 de abril de 2012

http://www.lanacion.com.ve/regional/
mas-de-500-expendios-manejan-contrabandistas-en-cucuta/
Más de 500 expendios de gasolina manejan contrabandistas en Cúcuta
LZ, lapatilla.com
20 mayo de 2012

http://www.lapatilla.com/site/2012/03/26/zulianos-solo-
podran-comprar-gasolina-dos-veces-a-la-semana/
Zulianos sólo podrán comprar gasolina dos veces a la semana
RAFAEL RAM, lapatilla.com
26 de marzo de 2012

http://www.nytimes.com/2012/06/13/health/diesel-fumes-
cause-lung-cancer-who-says.html
W.H.O. Declares Diesel Fumes Cause Lung Cancer
DONALD G. McNEIL Jr., The New York Times
12 de junio de 2012

http://www.reportero24.com/2011/06/energia-perdidas-
hacen-inviable-negocio-de-gasolineras/
ENERGÍA: Pérdidas hacen inviable negocio de gasolineras

Juan L. Martínez Bilbao

ANDRÉS ROJAS JIMÉNEZ, Diario El Nacional
junio de 2011

http://www.entornointeligente.com/articulo/1261840/
VENEZUELA-Falta-de-repuestos-para-gandolas-afecta-
despacho-de-combustibles
*VENEZUELA: Falta de repuestos para gandolas afecta despacho de
combustibles*
Diario El Nacional
10 de mayo de 2012

Índice

Editorial LibrosEnRed

www.ingramcontent.com/pod-product-compliance
Lightning Source LLC
Chambersburg PA
CBHW020356270326
41926CB00007B/453